磁気センサ理工学（増補）

－センサの原理から電子コンパスの応用まで－

工学博士　毛利　佳年雄　著

コ　ロ　ナ　社

ま　え　が　き

本書は，21世紀を目前にして，新しい創造的な教科書づくりの気運にのっとり，磁気センサに関する基礎理論から，センシング機能磁性体と磁気効果，磁気センサ電子回路，そしてセンシング応用システムに至るまで，筋道を立てて記述した最初の専門書である。

磁気センサ技術に関しては，これまで理論的に整理された教科書がなかったため，構想に時間をかけ，以下に示す構成をとった。

（1）　センシング機能磁性体および磁性理論に関しては，強磁性体および磁性理論の分野の名著である，茅　誠司『強磁性』(1952年，岩波書店)，近角聡信『強磁性体の物理』(1959年，裳華房)，同『強磁性体の物理(上)(下)』(1978年，裳華房)，太田恵造『磁気工学の基礎』(1973年，共立出版)，R. Bozorth：Ferromagnetisms (1951年，1995年復刊，Van Nostland)，L.D. Landau and E.M. Lifshitz：Electrodynamics of Continuous Media (1975年，Pergamon Press) などの思想内容を十分に取り入れた。

しかし，それらの発刊当時はセンサの社会的重要性の認識がなかったため，本書においては，力点や観点を根本的に変えている。すなわち，従来の磁性体の書においては，付録的，特殊的に扱われていた磁気効果や反磁界，表皮効果などが，現在のセンサ技術においては主役になるので，それらを第2章の冒頭からセンサ技術と関連づけて詳細に記述した。

（2）　磁気センサのヘッドに使用される磁性体の動作は「開磁路動作」が基本になるので，磁性体内部および外部空間の磁力線の分布の把握が特に重要である。これを理論的に取り扱うには，マクスウェルの方程式から出発する大域的解析方法が最も見通しがよい。また，マクスウェル方程式の積分系を基礎とする磁気回路の理論も非常に有効である。

この観点は，従来の電磁気学の教科書が，アンペールの法則やインダクタンスなどの個別的，局所的記述から進める形式と基本的に異なっている。これは例えてみれば，電子回路を学ぶのに，従来の教科書のようにアナログからディジタルへではなく，ディジタルから学んでいくことと似ており，むしろわかりやすい方法である。

（3）　磁気センサは，技術的には，電磁気と電気・電子回路の接点に存在している。したがって，両者をつねに関連づけて把握する視点が必要である。これも，従来の大学の工学教育において，電磁気と電気・電子回路を別科目として扱っている視点と基本的に異なるものである。この立場から，ランダウの電気力学の理論は，磁性体のインピーダンスなどの磁気センサの理論を構成する上で，筆者には大変役に立った。

（4）　本書で使用した単位系は，基本的にはMKS系である。MKS系は，電磁気と電気・電子回路を統一的に把握する上で有効である（前掲『強磁性体の物理』)。一方，磁気センサの技術者や研究者は，慣用的に磁界の大きさはcgs単位系のガウス，エルステッドを使用している。その理由は，ふだん頻繁に意識する身近な地磁気が0.3～0.4ガウスであり，1ガウスに近い値であること，真空中で1ガウスと1エルステッドが同一であることによっている。また近年では，国際単位系（SI）の使用を推奨する申合わせが電気学会等であり，電力工学の分野を中心にSIを使用するようになっている。

本書ではこれらの事情を勘案し，親しみやすく，かつ混乱なく磁気センサを理解できるよう，理論解析ではMKS系で統一し，実験結果の数値表示では，cgs系およびSIの数値も併記することとした。

本書の構想から3年近くが経過したが，出版に関して並々ならぬ激励と尽力をいただき，ようやく完成にまで運んでいただいたコロナ社の方々に深謝を表する次第である。

最後に，筆者の座右の銘を記させていただく。

以心啓理　　以智啓技

1998年1月　　著　　者

増補にあたって

今回の増補では，ここ最近の応用磁気分野で重要性を増している「電子コンパス応用」,「生体磁気センシング」について新たな章を設け解説した。

2015年11月　　著　　者

目　　次

1 磁気センサの原理と構成方法

2 磁気センサの基礎

3 磁性体のセンシング機能 ―磁気効果―

4 磁界センサおよび電流センサ

5 トルクセンサ

6 力学量センサおよび磁気センシング

7 電子コンパス用磁気センサ

8 生体磁気センシング

磁気センサの原理と構成方法

磁気センサ（magnetic sensor，**磁性体センサ**ともいう）は，安定な媒体である磁界（磁力線）を利用し，安定な磁性体でヘッドを構成して，電磁気量や力学量などを非接触で高感度に検出するセンシング機能電子デバイスである。

磁気センサは，現在，コンピュータハードディスク（hard disc，略して HD）やフロッピーディスク（floppy disc，略して FD）などの磁気記録用の磁気ヘッド，ディスク駆動装置（hard disc drive，略して HDD，floppy disc drive，略して FDD）のモータ磁界検出用ホール素子およびロータリエンコーダ用磁気ヘッドをはじめ，自動車，工業用ロボット，VTR などのメカトロニクス（機械系の電子制御技術）の各種の力学量センサ，電力エネルギー系統やモータ制御パワーエレクトロニクスの電流センサ，医用電子技術の心機図センサや眠気度・疲労度センサ，および地磁気異常による石油鉱脈探査センサや都市道路交通管制用自動車センサ，磁気方位センサ，環境磁気センサなどに広く使用されており，年間の生産個数ではセンサ中最多である。

アポロ計画の月面着陸船で月磁気観測に設置されたのは，フラックスゲートセンサ（4.2 節参照）である。計測結果では，10^{-7} エルステッド（oerstead，単位記号 Oe）† 以上の月磁気は検出されなかった。地磁気は，日本では約 0.5 Oe なので，フラックスゲートセンサは，一様の磁界に対しては磁界検出分解能が 10^{-6} Oe 程度あり，非常に高感度のセンサであることがわかる。磁気センサのうち，磁界の測定に用いられるものを**磁界センサ**（magnetic-field sensor）とよぶ。

† 真空中ではガウス（gauss，単位記号 G）と同じ。1 Oe＝1 G＝10^{-4} T≒80 A/m。

本章では，対象磁界と磁気センサ，磁気センサの原理，磁気センサの構成過程，磁気センサヘッドの磁性体，アモルファス磁性体とセンシング機能などを述べる[1)〜4)†]。

1.1　対象磁界と磁気センサ

検出対象磁界は，大きさや空間的勾(こう)配，分布，時間的変化速度，周波数など非常に広範囲にわたっており，磁界センサは種々のものが開発されている。

しかし，より高感度で高速応答の磁界センサが開発されれば，検出対象磁界の種類や範囲を拡大することができ，新たな磁気情報を発見できることになる。

1.1.1　対象磁界の大きさと磁界センサ

図 1.1 は，**磁界** (magnetic field) の大きさと磁界センサの関係を示す。現在までに測定対象になっている磁界の大きさは，10^{-10}〜10^5 Oe 程度の大きさの分布（磁界のスペクトラム）を示している。

これを大別すれば，**表 1.1** に挙げた 4 種類になる。

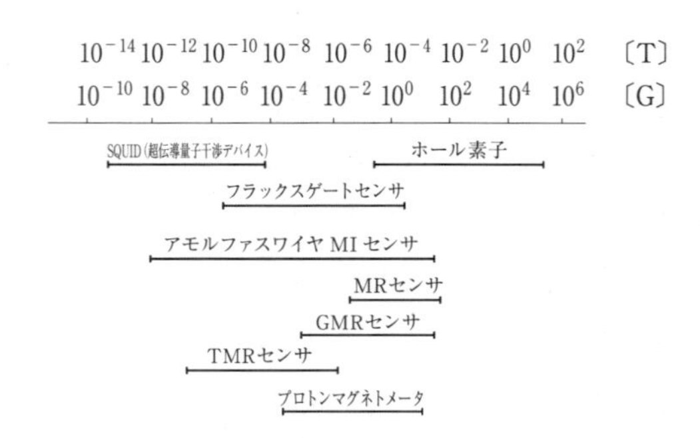

図 1.1　磁界の大きさと磁界センサ

表 1.1　検出対象磁界の大きさ

生体磁気	地球圏磁気	工業磁気	天体磁気（単位 Oe）
10^{-10}〜10^{-5}	10^{-6}〜10^{0}	10^{-6}〜10^{5}	10^{-6} 〜10^{6}

† 肩付き数字は，巻末参考文献の番号を示す。

図の磁界の大きさは，空間的分布を区別せずに表示しているので，対応する磁界センサとして，フラックスゲートセンサとMIセンサ（4.4節参照）は両者併記している。地球圏磁気は，岩石磁気や地層磁気などを除けば空間的に一様な磁界であり，磁界センサの寸法は問題にはならない。

しかし，工業磁気は磁気で情報を記録し読み出す場合が多く，例えば，磁気記録媒体磁界は，空間的にミクロンの範囲に限定されるので，磁気センサのヘッドの寸法が問題になる。ロボット制御用ロータリエンコーダ多極着磁磁石においても，着磁間隔が30 μm以下となっており，その表面磁界も数十μm程度に限定されている。この場合は，フラックスゲートセンサはヘッド寸法が長く，しかも端部の磁界検出感度が低いので使用できず，微小寸法ヘッドのMIセンサやMR素子（3.1.1項参照）が対応する磁界センサとなる。

1.1.2　対象磁界の周波数と磁界センサ

図1.2は，対象磁界の周波数と磁界センサの関係を示している。情報機器や計測・制御など多くの工学技術分野では，磁気情報の高密度化と高速読出しによる磁界信号の高周波化や，高速インバータによる電流スイッチングの高周波化などが進み，要求される磁界センサの**最高検出周波数**（**遮断周波数**，cut-off frequency）すなわち，磁界周波数に対するセンサ出力電圧の変動率が±3 dB以内にとどまる最高周波数が上昇する一方である。VTRでは，現在，遮断周波数が4.75 MHzに標準化されているが，2000年頃には一けた上がる（約50 MHz）

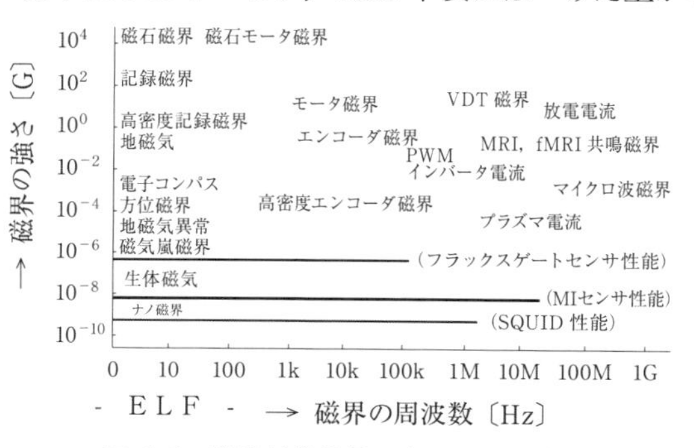

図 1.2　検出対象磁界の大きさと周波数

と予想されている。

磁界センサの遮断周波数は，フラックスゲートセンサで数 kHz，MI センサで数 MHz，ホールセンサ，MR センサ（4.3 節参照）も同程度の高速応答性を示している。

センサの性能は感度と応答速度のみでは決定されず，最高使用温度なども重要である。すなわち，誘導モータ内にセンサヘッドを設置して二次電流を検出する場合や，工業用溶接ロボットのアーク電流の検出，自動車のエンジンシャフトのトルク検出などでは，センサヘッドの最高使用温度は 200°C程度が要求される。このような場合はホール素子は使用できず，MI 素子や MR 素子が必要である。

1.1.3 地　磁　気

地磁気（terrestrial field, earth's field）の極は，過去 460 万年間に北極と南極が 10 回逆転しており，現在は地理上の北極の近くの地球の回転軸と約 10° ずれたところに，地磁気の南極がある。したがって，磁針は北（約 10° ずれた）を向くのである。

磁気利用の方位センサの北の指示は，正確には 10° ずれた方向を指す。地磁気の両極では磁針は地面に対してほぼ垂直になる。地磁気の絶対値は，カナダやシベリアの北部で最大（0.6 G），赤道付近で最小（0.3 G）であり，日本では約 0.5 G である。地磁気の約 99%はダイナモ理論（地球内部で西向きに約 30 億 A の直流電流が流れている）で説明され，残り約 1%が地球表面部の局所電流で説明される。

ダイナモ理論は，地球の中心に磁気双極子が等価的に存在することを示しており，**図 1.3** のように，北極，南極以外のところでも予想以上に地球の磁場（磁力線）の仰角が大きいことが説明される。地磁気異常は 10^{-5} Oe 程度で，電離層の電流によるものであり，1 日に 2 回変化している。

地磁気は方位を示すとともに，地磁気の分布を航空機を利用して測定することによって，高い確度で石油鉱脈を探査することに利用されたり，地磁気変化

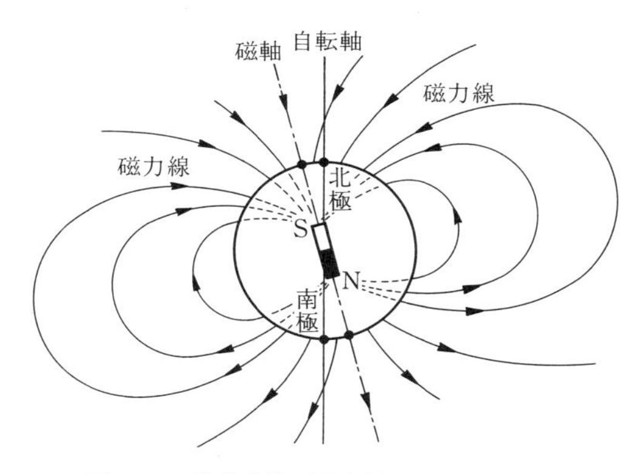

図 1.3　地球磁場（磁力線）分布の概略図

で地震予知が行われたりしている。

なお，地球以外の惑星や恒星などにも磁気を発生しているものが多くあり，太陽系惑星はすべて磁気が観測されている。その惑星磁気の大きさは，惑星の回転運動量にほぼ比例しており，地球磁気はほぼ中間的大きさである。木星や土星，天王星，海王星，冥王星などは地球の数倍の磁気を帯びている。

1.2　磁気センサの原理

磁気センサは，被検出量を磁界を介して電圧に変換する電子デバイスである。**図 1.4** は，磁気センサの原理と分類を表している。電磁気量，力学量，生化学量などの被検出量を，磁石や着磁媒体，磁束跳躍素子などの，種々のトランスポンダ(中継変換器)による一次変換器によって磁界に変換し，その磁界を種々の動作原理の磁気ヘッドで検知する。

これらの磁気ヘッドは，ホール素子はそのまま増幅され，MR 素子ではブリッジ構成で増幅される。MI 素子やフラックスゲート磁気ヘッドは，交流回路動作のセンサ電子回路の中で非線形インダクタンス素子（または可変インダクタンス素子）として動作し，種々の変調〔振幅変調（amplitude modulation，略して AM)，周波数変調（frequency　modulation，　略して FM)，位相変調

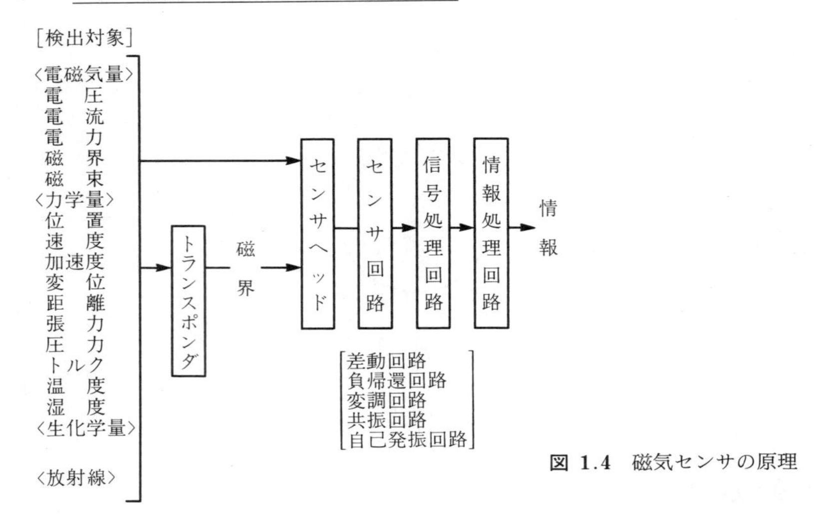

図 1.4　磁気センサの原理

(phase modulation, 略して PM), パルス位相変調 (pulse phase modulation, 略して PPM)〕回路を用いて，高感度の磁界センサを構成する。

これらの交流回路では，交流電源を用いる方法 (AM のみ) または自己発振回路(正帰還発振回路，マルチバイブレータ発振回路などによる AM，FM，PM) が用いられる。センサ回路の中の増幅回路は，差動増幅が基本になる。差動増幅では，電源ラインからの雑音すなわち**コモンモードノイズ** (common mode noise) が相殺され，センサの信号対雑音比 (signal-to-noise ratio, **SN 比**ともいう。1.6 節参照) が向上する。

1.3　磁気センサの構成過程

高性能の磁気センサを構成するためには，センサ素材（磁性体）の物性や材料の処理法から，電子回路技術，信号処理技術などの幅広い諸分野に精通していなければならない。この意味で，センサ技術者は総合エレクトロニクス技術者といえよう。従来の電気系の講義体系は，電磁気学・物性と電気・電子回路理論を二つの専門基礎と位置づけ，材料・物性分野と電子回路・システム分野のどちらかを好む学生を育ててきた。センサ技術者には，両分野を好む者がなれるといえる。

図 1.5 は，磁気センサを構成する全過程を示している。センサヘッドの素材である磁性体は，大半が高透磁率磁性体（パーマロイ，ケイ素鋼，フェライト，アモルファス）であるが，超伝導体や超磁歪材なども含まれる。

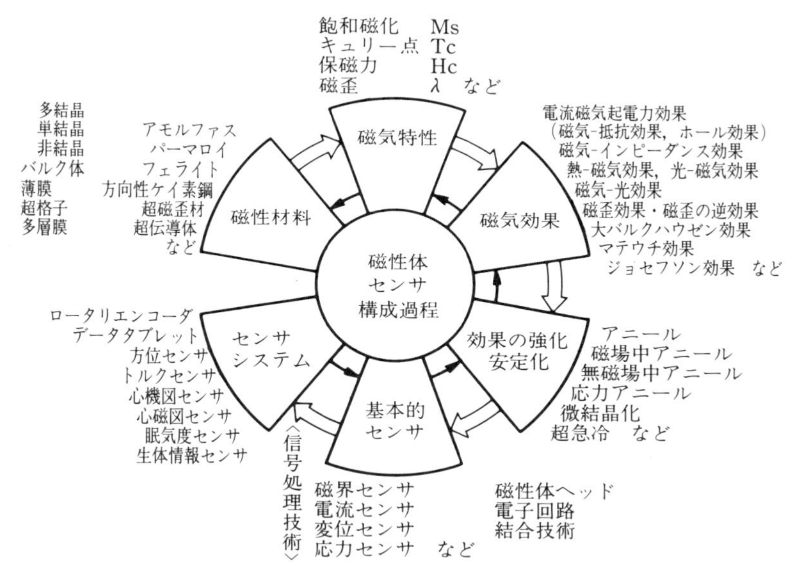

図 1.5　磁性体センサの構成過程

これらの磁性体に対して，まず飽和磁化や飽和磁束密度，保磁力，異方性定数，磁歪（飽和磁歪定数），初透磁率，キュリー温度，電気抵抗率，弾性率などの基本的電磁気特性や機械的特性の値を検討して，大略の性質を把握することが第 1 段階である。

つぎに，これらの基本パラメータの組合わせのダイナミックス（動特性）で種々の**磁気効果**（magnetic effect）が現れるが，センサ素材としては，この磁気効果が最も重要な性質である。

磁気効果は，ホール効果や磁気-抵抗効果をまとめた電流磁気電界効果（3.1 節参照），磁歪効果（磁歪波伝搬効果，3.5 節参照），磁歪の逆効果（応力-磁気効果，3.6 節参照），大バルクハウゼン効果（磁壁伝搬効果，双安定磁化，3.4 節参照)，ΔE 効果(3.8 節参照)，磁気 - インピーダンス効果(3.3.1 項参照)，磁気 - インダクタンス効果 (3.3.1 項参照)，マテウチ効果 (3.9 節参照)，マイスナー効果 (Meissner effect)，熱 - 磁気効果 (3.10 節参照)，光磁気効果 (3.11 節参照) などがある。

これらの磁気効果は，種々の磁気センサを構成する重要な磁気物性であるが，実用になるセンサを構成するためには，SN 比の高い磁気効果であることが必要である。

このため，磁気効果を示す磁性体に種々の処理を施して磁気効果の現れ方を格段に強化し，安定化させることが行われる。この処理は，最終的にはアニール (anneal，徐熱・徐冷ともいう) や，急熱・急冷などの熱処理であるが，その前段処理として，圧延や線引などの応力処理が行われる場合が多い。

この熱処理においても，応力や磁界を印加した状態で加熱・冷却して，磁気異方性を誘導する場合が多い。回転磁界中アニールによって，異方性を誘導しない (無方向性) 方法も行われる。

アモルファス磁性体は超急冷法で作製されるため，作製された状態(as cast, as prepared)では原子配列は安定状態ではなく，アニールによって安定化される。アモルファス磁性体は結晶構造をもたないため，特にアニール効果が顕著であり，熱処理によって磁気効果が飛躍的に強化される場合が多い。

ついで，強化され安定化された磁気効果をもつ磁性体をセンサヘッドとし，これをインダクタンス要素とするセンサ電子回路を構成して，基本的センサとする。センサは，アナログ形とディジタル形があり，アナログ形は，被検出量の時間的に変化する現象 (時間波形) を，できるだけ高い SN 比で忠実に電圧の時間波形に変換する電子回路デバイスである。ディジタル形は，基本的にはスイッチ動作であり，出力電圧が被測定量の臨界値で双安定動作をする。

この電子回路では，センサの高性能化を図るため，以下の構成法を用いる。

（1） 磁性体の交流磁化が，安定で低損失の領域 (回転磁化領域) で行われる回路を構成する。この回転磁化は，アモルファス磁性体を用いたヘッドの場合，特にバルクハウゼン雑音が少なく，高周波励磁が容易であり，高精度・高速応答のセンサを構成する場合に効果がある。

2磁心マルチバイブレータやコルピッツ発振回路などでは，アモルファス磁気ヘッドは，直流が重畳した交流磁界で励磁されるので，磁気-インピーダンス効果で動作させる場合は数百 MHz の励磁ができる。

（2）　センサの SN 比を向上させるために，電子回路は差動回路構成が基本となる。差動回路では，電源ラインから回路に侵入するコモンモードノイズを相殺する。この差動構成を発展させて自己発振形ブリッジ回路を構成すると，高感度（被検出量の変化に対して大きな電圧変化が生じる）で高精度（SN 比が高い）のセンサが構成される。

（3）　高感度のセンサ電子回路の中では，磁性体は磁束の時間変化による電圧で動作するので，磁性体の励磁には交流などの時間的に変化する電流が必要である（MR 素子は直流でよいが，感度が低い）。

交流電源は，高周波の場合は，ヘッドに接続するリード線の浮遊インピーダンスが，回路動作を不安定にする場合が多い。これを避けるために，自己発振回路が多く使用される。

自己発振回路は，直流電源で動作するので，低消費電力回路は携帯可能である。また，変調技術が利用でき，AM だけでなく，FM や PM，PPM などが利用でき，テレメータリングも可能になる。

（4）　使用するセンサヘッドは，単一ヘッドのほか，ペアヘッドにより感度を2倍にしたり，グラジオ形で背景雑音を相殺しつつ信号のみを検出するロバストセンサにする場合が多い。

これらの電子回路技術によって，磁界センサや電流センサ，磁石と組み合わせた変位センサなどの基本的センサが構成される。これらの基本的センサをたがいに組み合わせたり，マイクロプロセッサなどの信号処理装置と組み合わせることにより，データタブレット，生体情報センサ，トルクセンシングシステム，ナビゲーションシステム，アンチスキッドブレーキシステム（略して ABS），磁気探傷システム，磁気診断システム，資源探査システム，地震予知システム，環境磁気計測システムなどの高度センシングシステムが構成される。

これらは，被検出量の信号のみでなく，人間に有用な情報を出力するものである。

1.4 磁気センサのヘッド用磁性体

磁気センサの被検出量の種類や性質によって，センサヘッド用の磁性体が選択される。磁気センサの中で，最も一般的なセンサは磁界センサ（または電流センサ）であり，特に高感度磁界センサの需要が高い。さらに，近年では高感度性は，磁気記録媒体や高密度着磁体などの微小領域の局在磁界に対する高感度性が重要になり，同時にますます高速応答性が要求されている。

そこでこの観点から，従来高感度磁界センサに使用されてきたパーマロイ，フェライト，アモルファスなどの高透磁率磁性体（特に薄膜でないバルク体）を，新しいセンサヘッドの具備すべき諸条件に関して比較・検討した。

図 1.6 は，磁界センサを構成した場合の磁界検出感度，応答速度（遮断周波数），最高使用温度，耐衝撃性などの信頼性，マイクロ寸法性(保護ケースも含

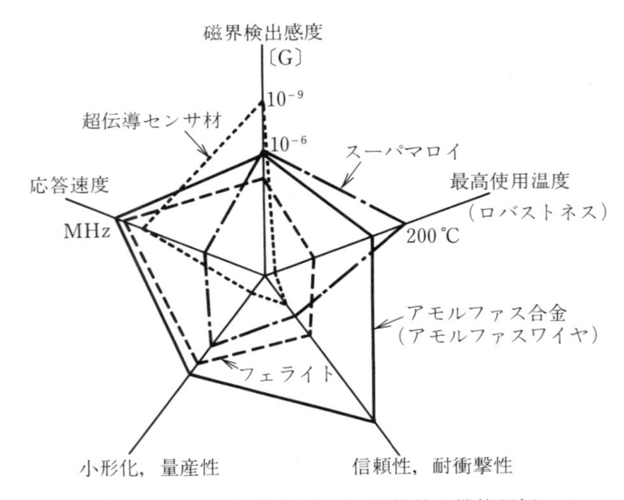

図 1.6　センサ素材としての磁性体の機能評価

む）などに関する比較図である。

この結果，アモルファス磁性体（特にアモルファスワイヤ）はすべての項目で最高の性能を示し，センサヘッド用磁性体として最も優れた素材の一つであるといえる。その理由と基本特性を，1.5 節でまとめて述べる。

1.5 アモルファス磁性体とセンシング機能

1.5.1 アモルファス磁性体とは

アモルファス（amorphous）磁性体は，結晶質磁性体の単結晶が規則的な原子配列をもっていることに対して，無秩序な原子配列をもつ人工物質である。アモルファス磁性体は，磁性遷移金属（鉄，コバルト，ニッケル）と半金属（メタロイド；ボロン，シリコン，カーボン，リン）を原子量で約 8：2 の割合，または，磁性遷移金属と金属（ジルコニウム，ニオブなど）を約 9：1 の割合とした原料を，超急冷によりリボンやワイヤ，薄膜の形状で作成するか，磁性遷移金属と希土類金属の合金をスパッタや蒸着，めっきなどの方法で膜状で作成する。

アモルファス磁性体は，以上のような合金原料を融点以上に加熱し，不活性ガス中で熱伝導の高い金属を用いた高速回転ロール上や，回転水中または冷却基板上で超急冷して，結晶ができる余裕を与えずに作成する。銅や真鍮（ちゅう）または鋼などのロールを高速回転して冷却する場合の冷却速度は約 100 万 rad/s，回転水中では約 10 万 rad/s である。

アモルファス合金の構造は，原子半径の大きな磁性遷移金属原子が無秩序に配置され，そのとき発生する空間的に約 20%のすき間に，原子半径の小さなメタロイド原子が入り込んで，空間的に安定な構造となると同時に，メタロイドの自由電子が，磁性遷移金属原子の 3 d 軌道に侵入している構造として考えられている。この原子配列は**不規則ちょう密構造**（random dense packing structure）と呼ばれている。

一方，アモルファス合金が 90%以上の弾性変形を示すと同時に，数%の塑性変形を示すことから，なんらかの結晶面の滑りがあるのではないかと仮定され，微結晶のクラスタが無秩序に存在しているというクラスタモデルも提唱されている。この微結晶は10万倍の電子顕微鏡でも観測されない寸法のものである。

アモルファスの判定法は種々あるが，最も簡単な方法は**X線回折法**であり，ハローパターンのみのときアモルファスと考えられている。リボン形状では，180度折り曲げても分離しないことで簡便に判定される。

1.5.2 アモルファス合金の誕生と技術インパクト

アモルファス合金は，1960年頃から米国カリフォルニア工科大学のDuez教授の研究グループが作成を試み，約10年を経た1970年頃偶然に成功したと伝えられている。

すなわち，ピストン-アンビル法によって，室温でアモルファスとなるFeP合金の作成実験を試みているときに，突然アモルファス合金が出現した。この試料の成分分析を行ったところ，FePCの3元合金であることがわかった。カーボン粉末が残っていた乳鉢をそのまま使用して，FePの原料粉末を懸命に混合したためらしい。

著者も，この世界初のアモルファス合金を見る機会を得たが，熔融原料の一滴がピストンとアンビルで一瞬にして叩きつぶされた直径が，約3cmの銀白色の箔（はく）である。

この人類初のアモルファス合金は強じん弾性体であり，米国アライドケミカル社が，スチールタイヤ用にロール急冷法を用いて細いリボン状に量産できることを発表したのが1973年である。

スチールタイヤの開発には結び付かなかったが，その後アモルファスリボンの磁気特性が調べられ，驚くべき軟磁性体であることがIntermag（国際応用磁気会議）で発表され，夢の合金として世界中の磁気研究者が研究に殺到した。1988年の高温超電導のときと似たような過熱ぶりであった。両方とも，日本の研究がわずかに遅れた面であるという点でも状況が似ている。

著者も，1975年にアライドケミカル社から，幅2mm，長さ10cmのFeNiSiB

の見本を入手してその応力磁気効果を測定したところ，驚くべき高感度性が現れることを発見し，応力センサを中心とする種々の磁気センサへの応用を展開することを決意した。

その頃はセンサという呼称はほとんどなく，トランスデューサという言葉が一般的であった。その当時の学界の常識は，良い磁性材料は安定な材料であるべきで，応力や地磁気などの外乱によって磁気特性が乱される，などということは極力避けるべきである，というものであった。

アモルファスリボンは，20〜30 μm 厚の薄さと電気抵抗率が 130 μΩ･cm 以上で，パーマロイやケイ素鋼板の 3〜4 倍もあるため，電力変圧器の鉄損が 1/5 に減少する著しい省エネルギー効果があることがけん伝され，アモルファス変圧器の開発は，1980 年代からの日米技術摩擦の象徴の一つとなっている。

1.5.3 アモルファス合金の基本特性

アモルファス合金は，結晶構造をもたないため，その磁気特性は磁歪と誘導磁気異方性（一軸異方性）で決定され，結晶粒がないため一様な磁性をもつ材料である。

図 1.7 は，$(FeCo)_{0.8}(SiB)_{0.2}$ アモルファスリボンの磁歪 λ を Fe と Co の比を変化させて測定した結果である。Fe/Co≒9 で λ は最大値 40×10^{-6} (40 ppm) を示し，Fe/Co≒0.07 で $\lambda<10^{-6}$ (零磁歪)，Fe/Co<0.07 で $\lambda<0$（負磁歪）である。

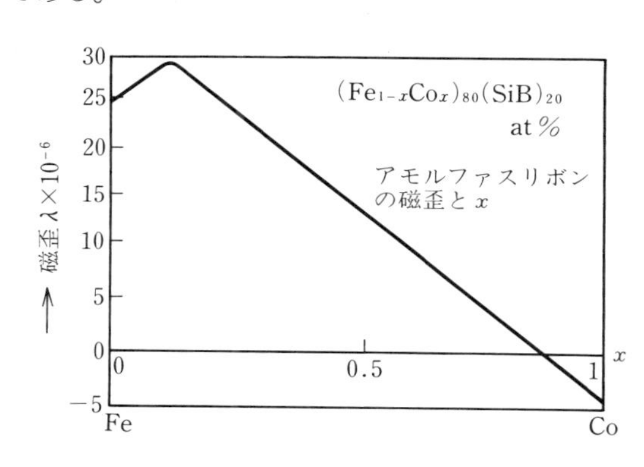

図 1.7 FeCo SiB アモルファスリボンの磁歪

零磁歪リボンおよびメタル-メタルリボンは，日本で開発され，磁気テープヘッドに実用化された。リボンは，石英管内で原料が約 1 600°Cで熔融され，先端のノズルからアルゴンガス圧で，高速回転中の銅や鋼のロール面に噴出され，10^6 °C/s で超急冷凝固されて作製される。

アモルファスワイヤは，1981 年にユニチカ（株）中央研究所が回転水中紡糸法による連続製造法を開発し，セキュリティセンサタグ（security sensor tag）を中心に実用化されている。

アモルファス磁性体をセンサヘッド用素材として，その特徴を機械的，電気的，磁気的，電気化学的側面でまとめると，以下のようになる。

（1）　機械的特性

結晶構造をもたないため，結晶粒界などのように局所的な機械的に弱い部分がなく，最大抗張力は原子間結合力である。リボンでは約 300 kg/mm²，線引きワイヤでは約 400 kg/mm² の非常に高い最大抗張力をもつ。また，結晶構造がないため，結晶面の滑りによる塑性変形がほとんどなく，95%以上の弾性変形を示す。伸び率は約 2%あり，ヤング弾性率は 10^4 kg/mm² 程度である。

すなわち，アモルファス磁性体は「強じん弾性体」である。したがって，アモルファスワイヤ（特に零磁歪ワイヤ）には，被覆導線コイルを直接巻き付けることができるので，微小寸法のセンサヘッドを構成することができる。

なお，アモルファス磁性体にはナノ寸法以下の微結晶クラスタがあるといわれており，数%の塑性変形ができるので，圧延加工や線引き加工ができる。アモルファスワイヤでは，約 10 μm 径まで線引き加工されている。

なおリボンを作製する場合，空気の巻込みで表面が荒らされるので，真空中でロールを高速回転させると，厚さが数 μm の非常に薄いリボンが作製される。

（2）　電気的特性

アモルファス磁性体は結晶構造がなく，構成原子は不規則ちょう密構造（random dense packing）に分布しているので，伝導電子の導電エネルギーバンドの幅が狭く，電気抵抗率 ρ が高い。ρ は約 130 μΩ･cm であり，パーマロイの ρ の 3〜4 倍である。

この高い ρ と，薄いまたは細い形状を利用すれば，特に磁化回転領域において，渦電流が流れにくく交流損失（鉄損）が少ないので，アモルファス磁性体は高周波で使用することができる。例えば，アモルファスワイヤを磁気-インピーダンス効果で使用する場合，数百 MHz で励磁される。

（3） 磁気的特性

アモルファス磁性体は結晶構造がなく，結晶磁気異方性がない。したがって，外部磁界によって磁化回転が容易に生じ，磁界検出感度が高い。磁化容易方向を決定する要因は，磁歪（magnetostriction）λ と形状異方性である。λ と保磁力 H_c（cercive force）は比例し，透磁率 μ に反比例する。

したがって，高透磁率は零磁歪（zero-magnetostriction）で得られる。λ の大きさは $(-5\sim40)\times10^{-6}$ であり，$(\mathrm{Fe}_x\mathrm{Co}_{1-x})_{80}(\mathrm{SiB})_{20}$ の場合，$x=1$ で $\lambda\fallingdotseq30\times10^{-6}$，$x=0.06$ で $\lambda\fallingdotseq0$，$x=0$ で $\lambda=-3\times10^{-6}$ である。

λ の大きさは，熱処理で変化させることができる。磁歪の高い材料に強い応力 σ を印加するか残留させると，磁壁のエネルギー密度 γ が $\sqrt{AK}$（A：交換定数，K：異方性定数），$K\fallingdotseq(3/2)\lambda\sigma$ によって非常に大きくなり，磁壁のない状態（単磁区状態）がエネルギーが低く安定となる。

このため，正および負の飽和磁化レベルが安定な**双安定磁化**（bistable magnetization）が発生する。これが大バルクハウゼン効果（3.4 節参照）であり，**リエントラント**（re-entrant）**特性**により磁壁は伝搬し，磁束は跳躍的に変化して磁束スイッチングが生じる。

磁歪をもつアモルファスワイヤでは，超急冷作製時に強い応力が残留し，大バルクハウゼン効果を示す。また，ひねり応力を印加することにより，表面層で大バルクハウゼン効果を生じさせることができる。

（4） 電気化学特性

コバルト系のアモルファス磁性体は耐食性に優れ，ステンレススチール以上である。これは結晶欠陥や粒界などがないため，静電池による腐食核ができにくいためである。しかし，鉄系アモルファス磁性体は耐食性が劣るので，防食処理が必要である。組成にクロムを数%添加することは効果がある。

(5)　結晶化温度

アモルファス磁性体を使用する場合の留意点は，結晶化温度である。結晶化温度は，特性表では500℃程度であるので，通常のデバイス使用条件では問題ないように考えられるが，もっと低温でも微結晶化が起きるといわれている。

特に，H_c が低温の長時間使用で増加していく現象での原因と考えられている。このため，長時間の安定な動作を保証するためには，200℃以下での使用を考えたほうがよい。

1.6　磁気センサ技術の3要素

高性能磁気センサを構成するためには，磁性材料の磁気物性，磁性材料と電子回路の相互作用によるセンサ電子回路の原理と基礎特性，および磁気センサを必要とするシステムの特性と産業動向などの総合的理解と独創的・創造的感覚が必要である。

それと同時に，「センサは，生物や機械が外界および内界と情報をやりとりするデバイス（器官）である」という，生体にとって本能的生命維持発展の深奥な本質的役割をもっているデバイス（組織）であることや，「アナログとディジタルの融合回路である」などのきわめて魅力的な側面をもっていることに，永遠の発展性があることを感じることが大切である。工学的には，現在のコンピュータを飛躍的に発展させるキーデバイスがセンサであり，磁気センサもその中心的センサの一つである，といえる。

すなわち，新しいコンピュータとして，より人間的な（環境に柔軟に対応する）コンピュータを目指し，1990年代には，ニューロコンピュータやファジーロジック，ジェネティックコンピューティングなどの種々の手法が試みられているが，それらの共通的構成がセンサとコンピュータの連携動作である。

したがって，人間的コンピュータの発展は，センサとコンピュータの相互発展にある。この観点に立ち，生体の感覚器の構造や機能を理解し，これにより近いセンサを実現していくことをつねに意識して個々のセンサ開発を進めることが，センサ技術者の最も重要な姿勢として要求される。

図 1.8 は，磁気センサを開発するために必要な３要素と，その相互関連技術を概念的に示したものである。

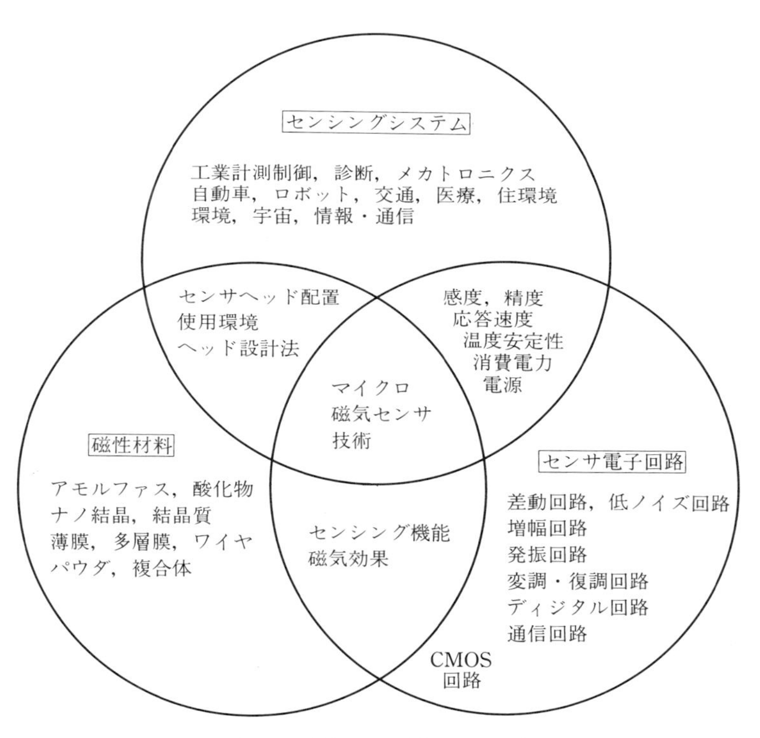

図 1.8　磁気センサ開発の３要素

センサ素材の磁性材料は，センシング機能磁気効果のみでなく，強じん性や耐食性，微細加工性，電極形成能などのセンサヘッド構成に関わる諸問題も視野に入れて，総合的に評価する必要がある。しかし，その本質はセンシング機能であり，これを生かす観点で諸問題を解決することが重要である。

センサ電子回路は，磁性体のセンシング機能を最大限引き出して，電圧や電流に安定に変換する回路であることが必要である。この変換では，ノイズ N（外乱ノイズ，内部発生ノイズ）と，検出信号 S との比（SN 比）を最大にする回路技術が最も重要である。電源ラインから侵入するコモンモードノイズや回路部品定数のドリフトを相殺する**差動形回路構成**（differential type circuit）がこの回路の基本である。

負帰還回路構成（negative feedback circuit）は，直線性，応答速度，温度安定性などの諸特性を顕著に改善し，多数個のセンサの検出特性を同一に揃えたり，個々に自由に調整することができるので，量産性の面からもきわめて有効な手法である。

磁気センサ回路では，磁性体の磁束の時間変化で回路を動作させる場合が多いので，等価的に交流電源となる発振回路が多用される。この場合，磁性体を外部から励磁する**他励形発振回路**（force-excitation type oscillator）と，磁性体を共振回路の誘導形要素として内部に含む**自励形発振回路**（self-excitation type oscillator）がある。

前者は，回路全体の安定性は高いが，感度は比較的低い傾向があり，後者は，感度は高いが，回路全体の動作を安定化させる特別の工夫が必要である。

センサの基本はSN比を高くすることなので，感度は低くても回路が安定であればノイズレベルも低い場合が多いので，両者の回路の評価は，SN比の観点で評価し設計することが必要である。

センサ回路用の半導体素子としては，従来はバイポーラトランジスタが一般的であったが，1990年代になってCMOS(相補形MOS FET)のディジタルICチップが普及し，安価で手軽に購入できるようになった。第4章で述べるように，CMOSインバータ(反転増幅器)ICチップは，CMOSインバータを6個内蔵しており，わずか20～30円で購入できる。

そのうちの2個で方形波発振マルチバイブレータを構成してパルス発振器とし，他の2個をパルス整形（増幅）として差動形マイクロ磁界センサを構成したり，3個でベクトル磁界センサを構成したりすることができる。

ディジタルICによるセンサ回路の特徴はきわめて安定であり，はんだづけができる者は，だれでも簡単に高性能の磁界センサが作成できることである。また，CMOS回路でパルス動作を利用すれば，磁気インピーダンス効果形磁界センサ回路消費電力は数mWである。

従来の実用フラックスゲートセンサの消費電力が数Wなので，CMOS IC形磁界センサがきわめて低消費電力であることがわかる。高感度磁界センサは，非破壊磁気探傷のように，1台の検査装置で千個以上使用されたり，交通管制のように広域で数千個配置される場合があり，1個のセンサの低消費電力性はシステム全体として重要な条件となる。

センサ電子回路は，検出アナログ信号をディジタル回路で処理することでSN比を高くすることができる。磁界センサをこの観点で設計すれば，交流磁界検出の分解能を 10^{-8} G にすることが可能であり，SQUID（超伝導量子干渉デバイス）の分解能 10^{-9}～10^{-10} G を室温で実現することも夢ではない。

センサは，システムの中の構成要素として，機能的にも形態的にもシステム全体と調和するものであることが必要である。このセンサの役割は，生体における感覚器官の状況を考慮すれば明白であり，計測器との基本的な相違点である。したがって，オシロスコープのようなユニバーサル形センサは原則として存在しない。この観点から，センサの開発にあたっては，センサが組み込まれるシステムの目的や動作環境などに関する基本的理解が不可欠である。

センサの発展方向は，システムの知能化のキーデバイスとしての発展方向である。現在の産業技術の流れでは，既存のシステムにセンサを組み込んで知能化する場合が多い。このため，センサ開発者には，柔軟な発想が要求される。

例えば，誘導電動機の二次電流をセンサでモニタリングする要求が高まっているが，電動機設計は従来のままであり，センサを組み込むことはまったく考慮されていない。センサは既存の電動機がまず存在し，これにセンサを取り付ける工夫が必要である。センサの有効性が定着すれば，センサ組込みも考慮された設計になると期待される。

電気工学の分野では，学界でも産業界でも，伝統的に制御分野と計測分野との研究者・技術者間の交流が希薄であり，相互理解の姿勢が少ないようである。これは，計測の発想が帰納的であり，制御の発想が演繹的であって，共通の言語が非常に少ないためであろう。これに対して，センサの発想は計測・制御の両者の融合に立脚しているので，計測と制御との両分野の従事者間の交流が必要である。それが，センサ技術者の発想が柔軟であることの根拠である。

演　習　問　題

（**1**）　磁気センサの原理を簡単に述べよ。

（**2**）　磁気センサの構成過程を簡単に述べよ。

（**3**）　センサ素材としてのアモルファス磁性体の特徴を述べよ。

2 磁気センサの基礎

磁気センサ用磁性体の動作においては，従来の磁性体の教科書ではあまり重視されていない現象が非常に重要な役割をなす。反磁界，表皮効果，異方性磁界などはその代表例であり，反磁界の克服が，マイクロ磁気ヘッドの実現のかぎである。表皮効果は従来，エネルギー損失の元凶とされていたが，センサ工学では一転して，超高感度マイクロ磁気センサの主役となる。異方性磁界の大きさの制御も，センサ感度を決定する重要な要因である。磁壁緩和周波数および磁化回転緩和周波数は，センサの周波数特性を決定する要因である。

電子回路技術の中で，大きな一巡利得で負帰還を施す回路（強負帰還回路と称する）は，磁気センサを構成する上できわめて重要である。この強負帰還作用により，センサの**直線性**（linearity），**ヒステリシス除去**（non-hysteresis），**高速応答性**（quick response），**高温度安定性**（high temperature stability），**低ドリフト性**（low drift）などのセンサに要求される一連の諸特性がすべて著しく改善されるばかりでなく，センサを量産する場合の特性のばらつきの抑制が容易にできる有効な技術である。

磁気発振回路は，電源が独立した（電池），低消費電力で携帯可能な磁気センサを構成する基本技術である。さらに，磁気発振回路では交流電源形センサ回路とは異なり，電圧の振幅のみでなく周波数や位相も変化させることができ，周波数変調や位相変調などが利用できるので，センサ信号のテレメータリングにも利用できる。

ここでは，以上のような磁気センサ電子回路特有の基礎的特性の原理を理解する。

2.1 反　　磁　　界

反磁界 (demagnetizing field) は，磁性体の端部に磁極が現れることにより，磁化ベクトル $\boldsymbol{M}$ と反対方向（磁極の＋極から－極に向かう方向）に発生する磁界である。

図 2.1 は，反磁界 $\boldsymbol{H}_{dem}$ の発生モデル図である。磁性体の端部に現れる磁極密度は $\boldsymbol{M}$ である。磁性体が円柱形状の場合，その長さを l，半径を a，その中心点を原点として，長さ方向の座標を x，真空の透磁率を μ_0 $(=4\pi\times10^{-7}\,\mathrm{H/m})$ とすると，磁極の強さは $\pi a^2\boldsymbol{M}$ なので，$\boldsymbol{H}_{dem}$ は次式で表される。

$$\boldsymbol{H}_{dem}(x)=\left(\frac{a^2\boldsymbol{M}}{4\mu_0}\right)\cdot\left\{\left(\frac{l}{2}-x\right)^{-2}+\left(\frac{l}{2}+x\right)^{-2}\right\}\quad[\mathrm{A/m}]\tag{2.1}$$

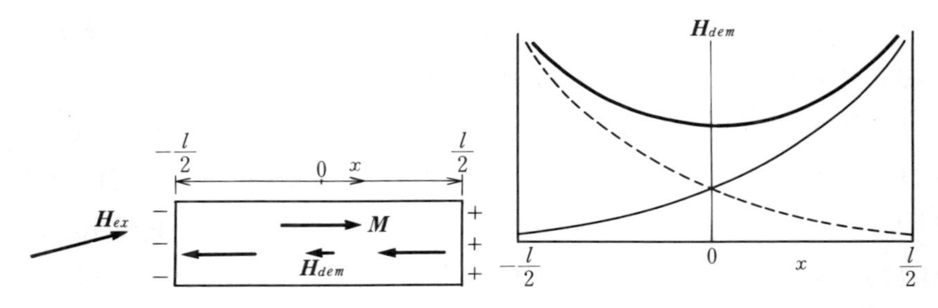

図 2.1　磁性体の磁化ベクトル $\boldsymbol{M}$ と反磁界ベクトル $\boldsymbol{H}_{dem}$

図 2.2　反磁界 $\boldsymbol{H}_{dem}$ の分布の概略図

したがって，$\boldsymbol{H}_{dem}$ は**図 2.2** のように，磁性体端部（磁極部）で最大であり，磁性体中央部 $(x=0)$ で最小値 $\boldsymbol{H}_{dem}{}^*$ をとる。

$$\boldsymbol{H}_{dem}{}^*=\boldsymbol{H}_{dem}\ (x=0)=2\left(\frac{a}{l}\right)^2\frac{\boldsymbol{M}}{\mu_0}\quad[\mathrm{A/m}]\tag{2.2}$$

反磁界の定義式は，反磁界係数を N_{dem} として，MKS 単位系では次式で与えられている[5)]。

$$\boldsymbol{H}_{dem}=\frac{N_{dem}}{\mu_0}\boldsymbol{M}\quad[\mathrm{A/m}]\tag{2.3}$$

円柱形状磁性体の場合は，式 (2.1)，(2.3) より，N_{dem} は磁性体内の場所の関数として次式で表される。

$$N_{dem}(x)=\frac{a^2}{4}\left\{\left(\frac{l}{2}-x\right)^{-2}+\left(\frac{l}{2}+x\right)^{-2}\right\} \tag{2.4}$$

$$N_{dem}{}^*=2\left(\frac{a}{l}\right)^2 \tag{2.5}$$

図 2.3 は，円柱形状磁性体（アモルファスワイヤ）の $\boldsymbol{H}_{dem}$ の実測値（○印）と式 (2.5) による $\boldsymbol{H}_{dem}$ の理論値（実線）との比較であり，$l/a<100$ では両者はほぼ一致している。

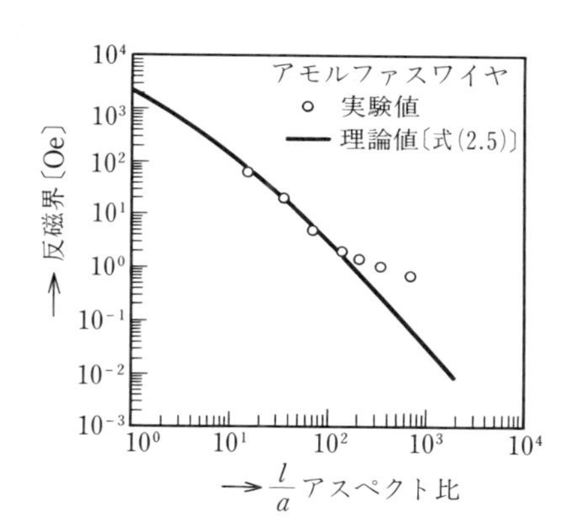

図 2.3　円柱状磁性体（アモルファスワイヤ）の寸法比と反磁界の大きさ

磁性体を有効に磁化する**有効磁界**（effective field，略して $\boldsymbol{H}_{eff}$）は，外部印加磁界 $\boldsymbol{H}_{ex}$ と $\boldsymbol{H}_{dem}$ との差であり

$$\boldsymbol{H}_{eff}=\boldsymbol{H}_{ex}-\boldsymbol{H}_{dem} \tag{2.6}$$

である。

磁性体の**帯磁率**（suceptibility）χ は $\boldsymbol{M}$ と $\boldsymbol{H}_{eff}$ の比例係数であり，式 (2.3) により次式が成り立つ。

$$\boldsymbol{M}=\chi\,\boldsymbol{H}_{eff}=\left(\frac{\chi}{1+N_{dem}\,\bar{\chi}}\right)\boldsymbol{H}_{ex} \tag{2.7}$$

ここに，$\bar{\chi}$ は**比帯磁率**（relative suceptibility）χ/μ_0 である。

したがって，外部磁界に対する帯磁率 χ_{ex} は

$$\chi_{ex}=\frac{\chi}{1+N_{dem}\,\bar{\chi}} \tag{2.8}$$

であり，磁性体の形状に無関係に磁極近傍（通常は磁性体端部）では非常に小さくなる。細長形状で十分長い試料の中央部では N_{dem} は小さく，χ_{ex} は χ に近い値となる。高感度磁界センサ（分解能約 10^{-6} Oe）である従来のフラックスゲートセンサ〔フラックスゲートマグネトメータ（fluxgate magnetometer）ともいう。4.2 節参照〕は，3 cm 程度の十分長い高透磁率ヘッド（直径 1 mm 程度）を使用し，中央部の高い χ を利用して検出コイルを設置している。

一方，磁気-インピーダンス素子では，円周方向に $\boldsymbol{M}$ を向けて使用するので磁極がほとんど現れず，$N_{dem} \fallingdotseq 0$ であるため 1 mm 以下のヘッドで，フラックスゲートセンサと同様の高い磁界検出精度（分解能約 10^{-6} Oe）を有する。

磁化 $\boldsymbol{M}$ と磁束密度 $\boldsymbol{B}$ との間には，MKS 系では透磁率を μ とすると，高透磁率磁性体では

$$\left.\begin{aligned} &\boldsymbol{B} = \boldsymbol{M} + \mu_0 \boldsymbol{H}_{eff} = (\chi + \mu_0)\, \boldsymbol{H}_{eff} = \mu\, \boldsymbol{H}_{eff} \\ &\mu = \chi + \mu_0 = (\bar{\chi} + 1)\, \mu_0 \fallingdotseq \chi \end{aligned}\right\} \quad (\bar{\chi} \gg 1) \qquad (2.9)$$

が成り立つので，$\boldsymbol{B} \fallingdotseq \boldsymbol{M}$，$\boldsymbol{B}_S \fallingdotseq \boldsymbol{M}_S$ である。ゆえに，式（2.8）に対応して，外部磁界に対する透磁率 μ_{ex} は次式で表される。

$$\mu_{ex} = \frac{\mu}{1 + N_{dem}\,\bar{\mu}}, \quad \bar{\mu} = \frac{\mu}{\mu_0} \quad \text{（比透磁率）} \qquad (2.10)$$

したがって，磁性体の微小部分の BH ヒステリシス曲線を測定することにより，$N_{dem}(x)$ を測定することができる。

図 2.4 は，長さ方向に磁化ベクトルが向いている（磁化容易軸または磁化容

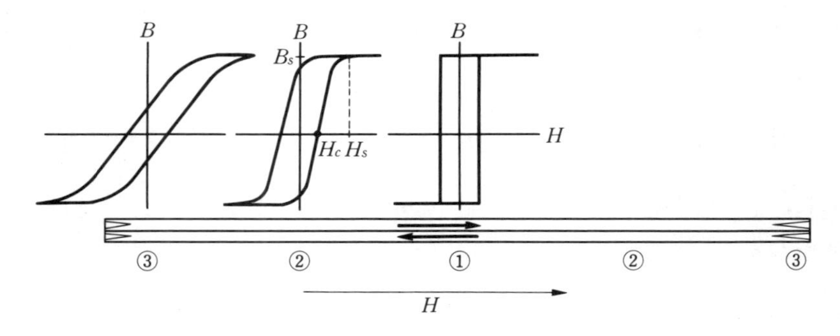

図 2.4　細長磁性体の場所による BH 特性の違い

易方向が長さ方向の）十分に長い高透磁率磁性体の低周波 BH ヒステリシス特性と，反磁界の関係のモデル図である。

この場合は，磁性体の長さ方向に 180° 磁壁が存在し，磁化は大部分が 180° 磁壁の移動によって行われると考えられる。両端部には磁極が発生するため，その静磁エネルギーを減少させるべく 90° 磁壁が混在していると考えられ，磁壁移動と磁化回転が生じる。

したがって，磁性体中央部①では反磁界が十分小さく，BH 特性は，保磁力 $\boldsymbol{H}_c$ をもつ垂直に近い角形 BH ヒステリシス特性を示し，両端部に近づく（②，③）につれて $\boldsymbol{H}_{dem}$ が増加するため，BH 特性は $\boldsymbol{H}_{ex}$ 軸に傾斜していき，磁化回転によって緩やかな曲線部分も現れる。H_s は飽和磁界であり，$\boldsymbol{H}_{ex}=H_s$ で $\boldsymbol{B}=B_s$ である。

$$\mu_{ex}=\frac{B_s}{H_s-H_c}$$

$$\mu=\mu_{ex}\quad(x=0) \tag{2.11}$$

とすると，N_{dem} は式（2.11）と次式から測定される。

$$N_{dem}=\mu_0\frac{H_s}{B_s}-\frac{1}{\bar{\mu}} \tag{2.12}$$

以上のように，反磁界 $\boldsymbol{H}_{dem}$ は，磁化ベクトルの方向の磁性体端部に現れる正の磁極から負の磁極へ向かう磁力線の空間密度であり，外部磁界による磁性体の磁化を弱める磁界となる。そのときの反磁界係数 N_{dem} は，式（2.4），（2.5）のように磁化ベクトルの方向によって異なり，磁性体の形状のみで決まる係数ではない。

磁界センサのヘッドは一般に開磁路構造であり，ヘッド端部に磁極を発生しやすいので，高感度センサを設計する場合は磁化ベクトルや磁区構造に注意し，磁極および磁力線の分布を十分に把握する必要がある。

磁界センサの外部磁界は，交流励磁磁界および被検出磁界（信号磁界）である。したがって，高感度で低消費電力の磁界センサを構成するためには，この両者の磁界に対して反磁界を低くすることが重要である。交流励磁に関しては，磁性体に交流電流を直接通電することにより，周回磁界で磁化する方法を用いれば，周回方向は閉磁路であり磁極を生じないので $\boldsymbol{H}_{dem}=0$ とすることができる。

磁性体長さ方向の $\boldsymbol{H}_{ex}$ を印加する場合，微小磁界に対しては $N_{dem}\fallingdotseq 0$ であるので，l が a の数十倍程度の非常に短い磁性体であっても $\boldsymbol{H}_{dem}\fallingdotseq 0$ となり，マイクロヘッドで微小磁界を高感度に検出する磁気-インピーダンス効果センサとなる（3.3 節参照）。

2.2 表皮効果

表皮効果（skin effect）は，金属（電気抵抗率 ρ の一様な電気良導体）に交流電流 i を通電し，その周波数を上げていくと，金属の中心部に電流が流れなくなり，表面部に集中して流れるようになる電磁気現象である。

この現象のメカニズムは，通電電流による導体内の周回磁界による磁束の時間変化を抑制する渦電流 $\boldsymbol{i}_e$ が，$\mathrm{rot}\,\rho\,\boldsymbol{i}_e=-\partial\boldsymbol{B}/\partial t$ によって発生し，i_e は中心部で通電電流を相殺し，表面部で助長することによる。

電流の大きさ（振幅）は表面から

$$\delta=\sqrt{\frac{2\rho}{\omega\mu}}\quad〔\mathrm{m}〕\tag{2.13}$$

の**表皮深さ**（skin depth）で，$1/e$（$\fallingdotseq 0.367$）に減衰するので，δ が金属の厚さの 1/2 または半径程度以下になると，電流路の等価断面積が減少して電気抵抗 R が増加することになる。

これは銅損 Ri^2 を増加させることになるので，特に電力分野では避けるべきものとされている。例えば，電力用変圧器のコイル導線は，断面を平形にしてその厚さを 2δ より薄くしている。

このように，電力分野では表皮効果は避けるべきものであるが，センサの分野では，周回方向の透磁率 μ を外部磁界で変化させることにより，インダクタンスのみでなく R も同時に変化させることができるので，磁気-インピーダンス効果として活用される現象である。ここでは，表皮効果の解析をまとめてみる。

図 2.5 は，平滑な金属表面の平面に x，y 軸，垂直軸に z 軸をとり，x 方向に交流電流 I を通電したモデル図である。金属は電気抵抗率 ρ，y 方向に透磁率 μ をもつ一様な材質とする。

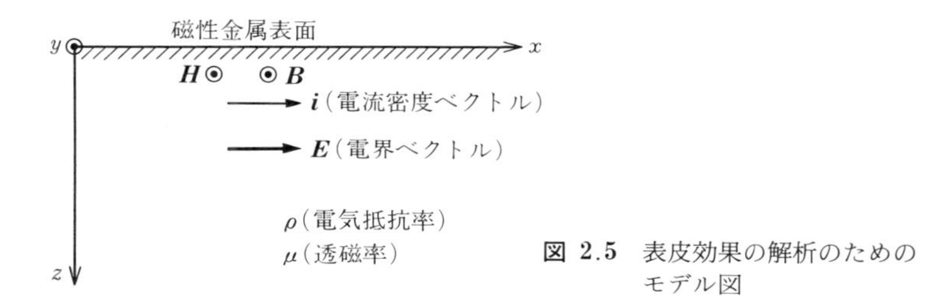

図 2.5 表皮効果の解析のためのモデル図

電荷は蓄積されないので，マクスウェル方程式は次式となる。

$$\mathrm{rot}\,\boldsymbol{E}=-\frac{\partial\boldsymbol{B}}{\partial t},\quad \mathrm{rot}\,\boldsymbol{H}=\boldsymbol{i}$$

$$\mathrm{div}\,\boldsymbol{B}=0,\qquad \mathrm{div}\,\boldsymbol{i}=0 \tag{2.14}$$

磁束密度 $\boldsymbol{B}$，磁界 $\boldsymbol{H}$ は，y 方向で z の関数，電流密度 $\boldsymbol{i}$，電界 $\boldsymbol{E}$ は x 方向で z の関数であり，$\boldsymbol{B}=\mu\boldsymbol{H}$，$\boldsymbol{E}=\rho\boldsymbol{i}$ を満たすので次式が成り立つ。

$$\frac{\partial E_x}{\partial z}=-\frac{\mu\partial H_y}{\partial t} \tag{2.15}$$

$$-\frac{\partial H_y}{\partial z}=\frac{1}{\rho}E_x \tag{2.16}$$

式（2.15），（2.16）より，H_y，E_x のおのおのの式が次式で得られる。

$$\frac{\partial^2 E_x}{\partial z^2}-\frac{\mu}{\rho}\cdot\frac{\partial E_x}{\partial t}=0 \tag{2.17}$$

$$\frac{\partial^2 H_y}{\partial z^2}-\frac{\mu}{\rho}\cdot\frac{\partial H_y}{\partial t}=0 \tag{2.18}$$

交流電流通電であるから $E_x=E_m\exp(-j\omega t)$ とおくと，式 (2.17)，(2.18) は

$$\frac{\partial^2 E_x}{\partial z^2}+j\,\frac{\omega\mu}{\rho}E_x=0 \tag{2.19}$$

$$\frac{\partial^2 H_y}{\partial z^2}+j\,\frac{\omega\mu}{\rho}\,H_y=0 \tag{2.20}$$

となる（この形式は rot rot $\boldsymbol{E}+j\,(\omega\mu/\rho)\,\boldsymbol{E}=0$ から求めてもよい）。

ここで，$E_x(z)=A\exp(-kz)\cdot\exp(-j\omega t)$ とおき，式(2.19)に代入すると，$k=\sqrt{-j\omega\mu/\rho}$，$\sqrt{-j}=(1-j)/\sqrt{2}$ なので，$E_x(z)$ は

$$E_x(z)=E_m\exp\left(-\frac{z}{\delta}\right)\cdot\exp\left\{-j\left(\omega t-\frac{z}{\delta}\right)\right\}$$

$$\delta=\sqrt{\frac{2\rho}{\omega\mu}} \tag{2.21}$$

となり，式(2.13)の δ が導かれる。$z=\delta$ で E_x の振幅 $E_m\exp(-z/\delta)$ は，$z=0$ における振幅 E_m の $1/e$（約36%）に減衰する。

式(2.19)，(2.20)より，E_x と H_y の z に関する減衰特性は同一であるが，式(2.15) より $-\mu\partial H_y/\partial t=-(1+j)\,E_x/\delta$ であるから

$$H_y=\frac{1+j}{j\omega\mu\delta}\,E_x=\frac{1-j}{\omega\mu\delta}\,E_x \tag{2.22}$$

より，μ が定数と見なせる比較的低周波電流においては，H_y は E_x に対して $\pi/4$ だけ位相が遅れる。

$i_x(z)=E_x(z)/\rho$ であるから，いま，半径 a の円柱形状磁性体に交流電流 I を通電するときの，半径方向の磁界の振幅分布を求めてみる。

$$|I|=\int|i(r)|2\pi r\,dr \tag{2.23}$$

$$|i(r)|=\left|\frac{E_m}{\rho}\right|\exp\left(\frac{r-a}{\delta}\right) \tag{2.24}$$

$$|H(r)|=\frac{|I(r)|}{2\pi r} \tag{2.25}$$

より

$$|H(r)|=\frac{|I|\left\{1+(1-\delta)\exp\left(\frac{r}{\delta}\right)\exp\left(-\frac{a}{\delta}\right)\right\}}{2\pi r\left\{1-\delta+\exp\left(-\frac{a}{\delta}\right)\right\}} \tag{2.26}$$

図 2.6 は，$|H(r)|$ の半径方向分布を示す。表皮効果により，磁性体内部の磁

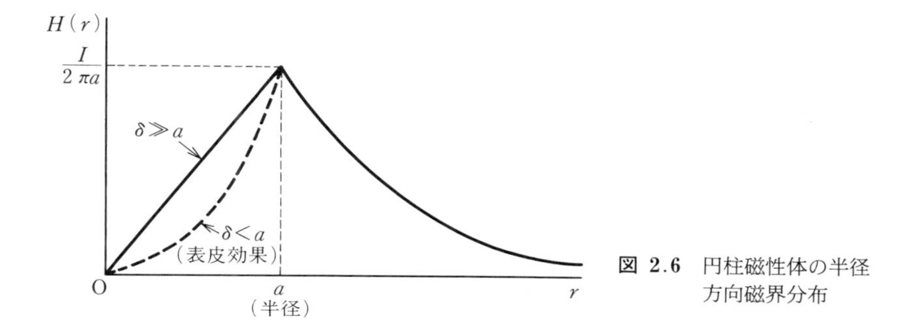

図 2.6　円柱磁性体の半径方向磁界分布

界の大きさが，中心部で急激に減少することがわかる。すなわち，高周波電流励磁により，磁性体の表面部のみが磁化されることになる。

2.3　着磁磁極間隔とセンサヘッド寸法

ロータリエンコーダ用多極着磁リング磁石の着磁密度や磁気記録密度が急速に向上してくると，記録媒体の磁極間隔と磁気ヘッドの寸法[6]の相対的関係が重要になってくる。

例えばVTRでは，記録ピッチ0.36 μmに対するメタルインギャップ磁気ヘッドの絶縁体ギャップ幅は，記録ピッチの1/2の0.18 μmにされ，記録再生のSN比を最大にしている。

また，ロボット制御分野では，アーム回転角度制御のロータリエンコーダ用多極着磁リング磁石の磁極間隔は，1997年時点で30 μm程度まで微小化されており，15 μmも試みられている。

コンピュータ用磁気記録ディスクの駆動装置の回転位置センサ（ロータリエンコーダ）においても，記録密度の増大とともに回転位置制御の高精度化が必要になってきており，着磁間隔の微小化が進んでいる。

この着磁間隔（または記録間隔）の微小化とともに表面磁界が局在化し，磁気ヘッドに印加される磁力線の密度（磁界）が減少していく。このため，MR素子を磁気ヘッドとする場合は，ヘッドを着磁体表面のより近くに設置して，SN

比を改善する必要がある。

この場合，ヘッドと着磁体表面との距離，すなわち**リフトオフ**（lift-off）と磁極間隔との比が1以上であれば，表面磁界の面垂直成分の面平行方向の分布が正弦波であるが，1より小さい場合は正弦波からひずんだ波形となる。

この正弦波分布は，ロータリエンコーダのサンプリング技術の前提となるので，高感度ヘッドを用いることが，SN比の改善とともに磁界分布検出波形の安定性の面で重要である。この意味で，高密度着磁媒体の表面磁界検出においてMI素子が重要になる。

以下に，ロータリエンコーダ用多極着磁体の表面磁界検出波形に対する磁極間隔とリフトオフとの比の関係，および磁極間隔と磁気ヘッドの寸法との比の関係の理論解析を示す。

図 2.7 は，間隔 d で着磁されたロータリエンコーダ用リング磁石の表面磁界の z 方向成分 H_z の円周方向（x 方向）分布を，計算機解析した結果を示す。

解析では，磁石表面に垂直方向の磁気双極子（magnetic dipole），すなわち

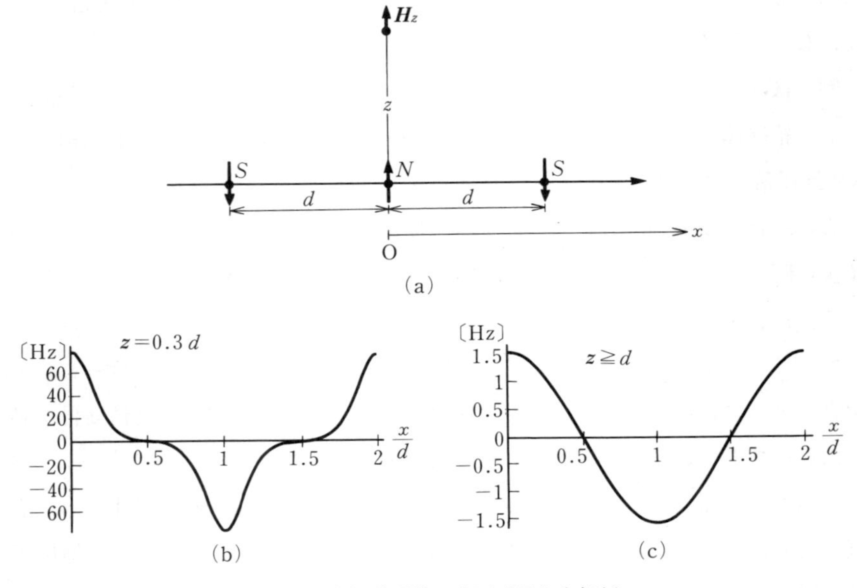

図 2.7　多極着磁体の表面磁界分布解析

磁気モーメント m が，たがいに反平行に分布していると仮定している。H_z は次式で表される。

$$H_z \frac{4\pi\mu_0 d^3}{m} = \sum_{n=-\infty}^{\infty}\left(\frac{2\bar{z}^2-(2n-\bar{x})^2}{\{\bar{z}^2+(2n-\bar{x})^2\}^{\frac{5}{2}}} - \frac{2\bar{z}^2-(2n+1-\bar{x})^2}{\{\bar{z}^2+(2n+1-\bar{x})^2\}^{\frac{5}{2}}}\right)$$

$$\bar{z} = \frac{z}{d},\quad \bar{x} = \frac{x}{d} \tag{2.27}$$

H_z-x 特性の理論波形を見ると，H_z の検出高さ z が d 以上であれば，図(c)のようにつねに正弦波となるが，d より小さい場合は，図(b)のように奇数調波を含む非正弦波となり，しかも，z の変動に対して波形が敏感に変化することがわかる。

このことは，高感度磁気センサヘッドを用いて，d よりも離れた高さで表面磁界を検出すれば，つねに正弦波分布が得られ，正弦波を前提としたサンプリング技術が適用できることになる。

ロータリエンコーダでは，このサンプリング技術により，磁極の数の数十～数百倍のパルスを発生させ，高精度のエンコーダとすることができる。

図 2.8 は，やはりロータリエンコーダ用多極着磁体の表面磁界を検出するモデルであるが，図 2.7 と異なり，磁気双極子が面に平行の場合である。

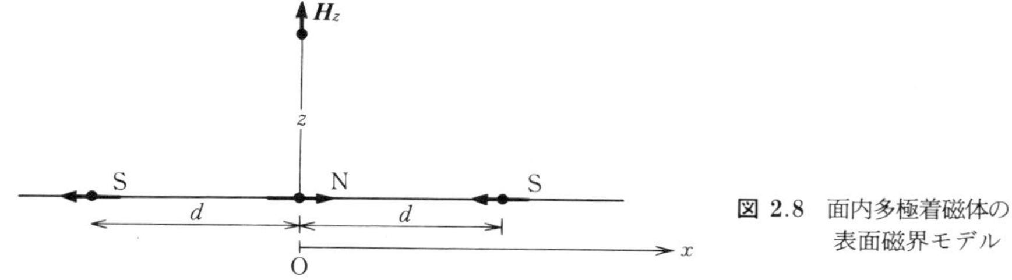

図 2.8　面内多極着磁体の表面磁界モデル

この面平行の磁気双極子（磁気モーメント m）が，間隔 d でたがいに反平行に分布しているモデルでは，H_z は次式で表される。

$$H_z \frac{4\pi\mu_0 d^3}{3m} = \bar{z}\sum_{n=-\infty}^{\infty}\left(\frac{2n+1-\bar{x}}{\{\bar{z}^2+(2n+1-\bar{x})^2\}^{\frac{5}{2}}} - \frac{2n-\bar{x}}{\{\bar{z}^2+(2n-\bar{x})^2\}^{\frac{5}{2}}}\right)$$

$$\bar{z} = \frac{z}{d},\quad \bar{x} = \frac{x}{d} \tag{2.28}$$

H_z の着磁面平行方向（x 方向）への分布の波形を数値解析で求めると，図 2.7 の場合の，$H_z(x)$ 波形の x に関する微分波形 $-dH_z(x)/dt$ となっている。これは，図 2.7 と図 2.8 の双極子ベクトルがたがいに直交関係にあることによる。図 2.8 の場合も $z \geqq d$ であれば，$H_z(x)$ はつねに正弦波となる。

図 2.9 は，図 2.7 の磁極分布において，磁極間隔 d と磁気ヘッドの直径（または幅）$\varDelta$ が同程度の場合の表面磁界分布を解析したものである。

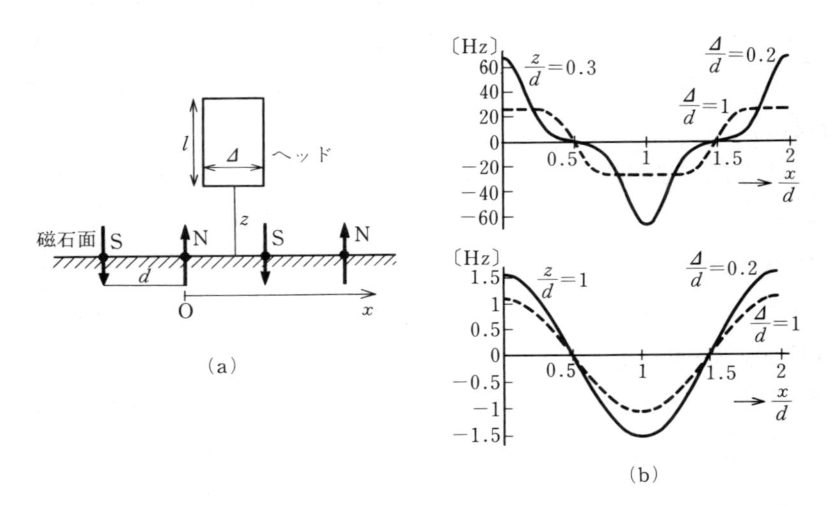

図 2.9　ヘッド幅を考慮した多極着磁体の表面磁界解析

図 2.7 の $H_z(x)$ が次式のように，x に関して $\varDelta$ 内で平均化されることになる。

$$h_z=\frac{1}{\varDelta}\int_{\frac{x}{d}-\frac{\varDelta}{2}}^{\frac{x}{d}+\frac{\varDelta}{2}}dy\left[\sum_n\frac{2\left(\frac{z}{d}\right)^2-(2n-y)^2}{\left\{\left(\frac{z}{d}\right)^2+(2n-y)^2\right\}^{\frac{5}{2}}}-\frac{2\left(\frac{z}{d}\right)^2-(2n+1-y)^2}{\left\{\left(\frac{z}{d}\right)^2+(2n+1-y)^2\right\}^{\frac{5}{2}}}\right]$$

$$h_z=\frac{H_z}{H_d}\ ,\quad H_d=\frac{m}{4\pi\mu_0 d^3} \tag{2.29}$$

$H_z(x)$ の波形は，$z \geqq d$ ではつねに正弦波となり，その振幅は $\varDelta/d$ の増大とともに減少する。$z<d$ では非正弦波であり，$z=0.3d$ の場合，$\varDelta=0.2d$ では図 2.7 の $\varDelta=0$ の波形と同一であるが，$\varDelta=d$ では台形状の波形になる。

いずれの場合も，$H_z(x)$ の振幅は $\varDelta/d$ の増大とともに減少し，その減少率は

z/d が小さいほど大きい。$\Delta=2d$ で $H_z=0$ となる。

Δ が大きいほどヘッドの検出信号は大きくとれるが，H_z の大きさが減少するため，上述のように VTR では MIG（metal in gap）ヘッドのギャップ幅（Δ に対応）を記録ピッチ（d に対応）の 1/2 に設定している。

2.4 磁性体のインピーダンス

固体素子に電極を形成して電流を通電し，電極間の電圧と電流との関係を回路パラメータとして利用することは，電子回路技術の基本である。磁気センサの分野でも，ホール素子や MR 素子では，電極を介して直流電流 I_{dc} を通電し，垂直方向の磁界に比例する素子電圧 V との比である電気抵抗 $R(=V/I_{dc})$ の変化を利用している。

通電電流を交流（複素正弦波交流 I）にすると，素子電圧（複素正弦波交流電圧 V）との関係はインピーダンス（impedance）$Z(=V/I)$ で決定される。従来の交流励磁形（磁気変調形）磁気センサの多くは，フラックスゲートセンサのように，励磁および検出を磁性体に巻いたコイルの電流および電圧で行っており，磁性体への直接通電は行われていなかった。

その理由は，磁性体の直接通電による両端間電圧は，磁性体の電気抵抗分による電圧にほぼ等しく，外部磁界によるパラメータ変化がほとんど得られなかったためである。

一方，1993 年に発見された磁気-インピーダンス効果（3.3.1 項参照）では，高周波直接通電による表皮効果によって，そのインピーダンスが外部磁界によって著しく敏感に変化することがわかり，磁性体のインピーダンスに対する興味が世界的に広がっている。

そこで，以下に磁性体のインピーダンスの解析を示す。

2.4.1 円柱形状磁性体のインピーダンス

図 2.10 の半径 a，長さ l，電気抵抗率 ρ の円柱（ワイヤ）の磁性体の長さ方

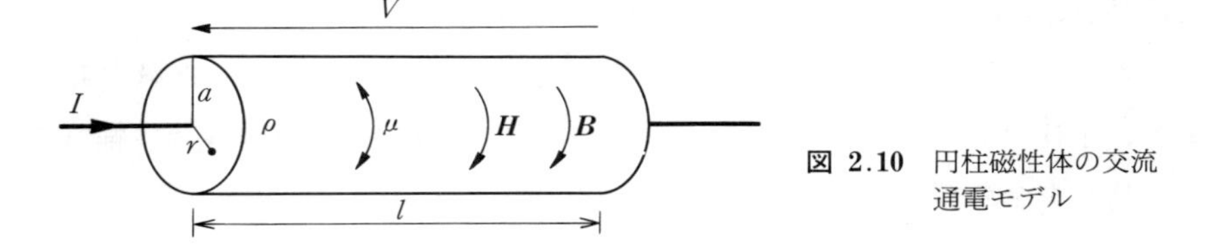

図 2.10　円柱磁性体の交流通電モデル

向に，振幅一定の正弦波交流 $I=I_m\exp(j\omega t)$ を通電した場合の両端間電圧 V を，長さ方向の電界ベクトル $\boldsymbol{E}$，円周方向磁界ベクトル $\boldsymbol{H}$，磁束密度ベクトル $\boldsymbol{B}$ を用いて求める。

まず，マクスウェル方程式により

$$\left.\begin{array}{ll}\mathrm{rot}\,\boldsymbol{H}=\dfrac{\boldsymbol{E}}{\rho}, & \mathrm{rot}\,\boldsymbol{E}=-\dfrac{\partial \boldsymbol{B}}{\partial t}\\ \mathrm{div}\,\boldsymbol{E}=0, & \mathrm{div}\,\boldsymbol{B}=0\end{array}\right\} \tag{2.30}$$

式 (2.30) に $\boldsymbol{H}=H_m\exp j\omega t$，$\boldsymbol{B}=\mu\boldsymbol{H}$（$\mu$ は円周方向の線形化透磁率）を代入すると

$$\mathrm{rot}\,\boldsymbol{E}=-j\omega\mu\boldsymbol{H} \tag{2.31}$$

$$\mathrm{rot}\ \mathrm{rot}\,\boldsymbol{E}=-j\frac{\omega\mu}{\rho}\boldsymbol{E} \tag{2.32}$$

$$\mathrm{rot}\ \mathrm{rot}\,\boldsymbol{E}=\mathrm{grad}\,(\mathrm{div}\,\boldsymbol{E})-\varDelta E \tag{2.33}$$

$$E=E_z\quad (z：円柱長さ方向) \tag{2.34}$$

および $\mathrm{div}\,\boldsymbol{E}=0$ であるから，E_z に関する次式が得られる。

$$\varDelta E_z-j\frac{\omega\mu}{\rho}E_z=0 \tag{2.35}$$

E_z は，円柱の半径方向座標 r のみの関数なので，式 (2.35) を円筒座標で表すと，次式になる。

$$\varDelta E_z=\frac{\dfrac{1}{r}\partial\left(\dfrac{r\partial E_z}{\partial r}\right)}{\partial r} \tag{2.36}$$

ここで，$-j\omega\mu/\rho=k^2$ とおくと，$\sqrt{-j}=(1-j)/\sqrt{2}$ より

$$k=\frac{1-j}{\delta},\quad \delta=\sqrt{\frac{2\rho}{\omega\mu}}\quad（表皮深さ）\tag{2.37}$$

である。

式（2.35），（2.36），（2.37）より

$$\frac{\frac{1}{r}\partial\left(\frac{r\partial E_z}{\partial r}\right)}{\partial r}+k^2E_z=0\tag{2.38}$$

$$\frac{\partial^2 E_z}{\partial r^2}+\frac{\partial E_z}{r\partial r}+k^2E_z=0\tag{2.39}$$

となる。式（2.39）は，**ベッセル方程式**（Bessel's equation）すなわち

$$y''+\frac{y'}{x}+\left(1-\frac{\nu}{x^2}\right)y=0$$

で，解はベッセル関数 $J_\nu(x)$ であり，$\nu=0$，$x=kr$ とおいた場合に対応するので，式（2.39）の解は，第一種ベッセル関数 $J_0(kr)$ である。

ゆえに，E_z は，A を定数として次式で表される。

$$E_z(r)=AJ_0(kr)=\frac{E_z(a)}{J_0(ka)}J_0(kr)\tag{2.40}$$

一方，$H(r)$，$E_z(a)$ は，素子電流 I との関係で，以下のように求められる。

$$(\mathrm{rot}\,\boldsymbol{E})_\phi=-j\omega\mu H=-\frac{\partial E_z}{\partial r}\tag{2.41}$$

より

$$H=-\frac{j}{\omega\mu}\cdot\frac{\partial E_z}{\partial r}\tag{2.42}$$

$\partial J_0(x)/\partial x=-J_1(x)$ であるから，式（2.40），（2.42）より

$$H(r)=\frac{jkA}{\omega\mu}J_1(kr)\tag{2.43}$$

$$H(a)=\frac{jkA}{\omega\mu}J_1(ka)=\frac{I}{2\pi a}\tag{2.44}$$

式（2.44）より，定数 A および $E_z(a)$ は次式で表される。

$$A=\frac{E_z(a)}{J_0(ka)}=-\frac{j\omega\mu I}{2\pi ka\,J_1(ka)}$$

$$E_z(a) = -\frac{j\omega\mu J_0(ka)\,I}{2\pi ka J_1(ka)} \tag{2.45}$$

他方，素子の閉局面（表面）S の単位面積を，単位時間内に出入りするエネルギーが**ポインティングベクトル**（Poynting vector）$\boldsymbol{S} = \boldsymbol{E} \times \bar{\boldsymbol{H}}$ である。

したがって，ガウスの定理より

$$-\iint (\boldsymbol{E} \times \bar{\boldsymbol{H}})_n\, dS = \iiint iE\; dv + \frac{\partial}{\partial t}\iiint \frac{\mu H^2}{2}\, dv \tag{2.46}$$

は，素子表面から単位時間内に入るエネルギー〔J/s，W〕すなわち電力 $V\bar{I}$ である。

$$V\bar{I} = -\iint (\boldsymbol{E} \times \bar{\boldsymbol{H}})_n\, dS = E_z(a)\,\overline{H(a)}\; 2\pi a l = E_z(a)\, l\bar{I} \tag{2.47}$$

であるから，式（2.45）より

$$V = E_z(a)\, l = -j\,\frac{\omega\mu l J_0\,(ka)}{2\pi ka J_1\,(ka)}\, I \tag{2.48}$$

ゆえに，素子のインピーダンス Z は，直流抵抗を $R_{dc}(=\rho l/\pi a^2)$ とすると，次式で表される[7)]。

$$Z = \frac{V}{I} = -j\,\frac{\omega\mu l J_0(ka)}{2\pi ka J_1(ka)} = \frac{1}{2}\, R_{dc} ka\, \frac{J_0(ka)}{J_1(ka)}$$

$$ka = \frac{a(1-j)}{\delta},\quad \delta = \sqrt{\frac{2\rho}{\omega\mu}} \tag{2.49}$$

式(2.49)は，円柱形状磁性素子のインピーダンスの一般形である。δ は表皮の深さであるので，十分低周波の場合（$\delta \gg a$，$|ka| \ll 1$）と，十分高周波の場合（$\delta \ll a$，$|ka| \gg 1$）の Z の近似式を求めてみる。

いま，十分低周波の場合は，$J_0(ka)$，$J_1(ka)$ は次式で近似される。

$$J_0(ka) \fallingdotseq 1 - \frac{(ka)^2}{4}$$

$$J_1(ka) \fallingdotseq \frac{ka}{2} - \frac{(ka)^3}{16} \tag{2.50}$$

式（2.49）に式（2.50）を代入すると，次式が得られる。

$$Z \fallingdotseq R_{dc} + j\omega L_i \tag{2.51}$$

ここに，L_i は素子の**内部インダクタンス**（inner inductance）であり

$$L_i = \frac{\mu l}{8\pi} \quad \text{〔H〕} \tag{2.52}$$

で表される。L_i は素子の半径 a に無関係であり，μ と l で決まる。

この L_i を用いると，Z の一般形式（2.49）は，次式で表すこともできる。

$$Z = -j\omega L_i \frac{4J_0(ka)}{kaJ_1(ka)} \tag{2.53}$$

一方，十分高周波の場合は，表皮効果が顕著な場合（$\delta \ll a$, $|ka| \gg 1$）であり，ベッセル関数の近似式

$$J_0(x) = \left(\frac{2}{\pi x}\right)^{\frac{1}{2}} \cos\left(x - \frac{\pi}{4}\right)$$

$$J_1(x) = \left(\frac{2}{\pi x}\right)^{\frac{1}{2}} \sin\left(x - \frac{\pi}{4}\right) \tag{2.54}$$

を用いると

$$\frac{J_0(ka)}{J_1(ka)} \fallingdotseq \cot\left(ka - \frac{\pi}{4}\right) \fallingdotseq -j$$

であるから，Z は次式で表される。

$$Z \fallingdotseq \frac{4\omega\delta L_i}{ka} = R_{dc}\frac{a}{2\delta} + j\omega L_i \frac{2\delta}{a} = \frac{a}{2\sqrt{2\rho}} R_{dc}(1+j)\sqrt{\omega\mu} \tag{2.55}$$

したがって，表皮効果によりリアクタンスのみでなく，抵抗も ω, μ によって変化することがわかる。Z の変化特性は，3.3 節の磁気-インピーダンス効果（μ を外部磁界で変化させてインピーダンスを変化させる効果）の項で述べる。

なお 2.5 節で述べるように，BH ヒステリシスループが存在する場合の μ は，一般に，$\mu = \mu_m / \{1 + j(\omega/\omega_c)\}$ のように複素数で表される。ここに，$\omega_c \propto 1/H_c$（磁壁緩和角周波数），μ_m は増分透磁率（B_m/H_m）である。この場合

$$Z = \frac{a}{2\sqrt{2\rho}} R_{dc} \frac{\sqrt{\omega\mu_m}\,(1+j)}{\sqrt{1+j(\omega/\omega_c)}} \tag{2.56}$$

$$|Z| = \frac{a}{2\sqrt{\rho}} R_{dc} \sqrt{\frac{\omega\mu_m}{1+(\omega/\omega_c)^2}} \tag{2.57}$$

となる。

2.4.2　平板形状磁性体のインピーダンス

図 2.11 は，厚さ $d(=2a)$，幅 w，長さ l の平板（薄膜）磁性体を，交流通電で励磁する場合のインピーダンスを解析するモデル図である。いま，板は十分薄い（$d \ll w$）とし，厚さ方向 x，幅方向 y，長さ方向 z の座標を考え，電流 I は z 方向に印加するものとする。

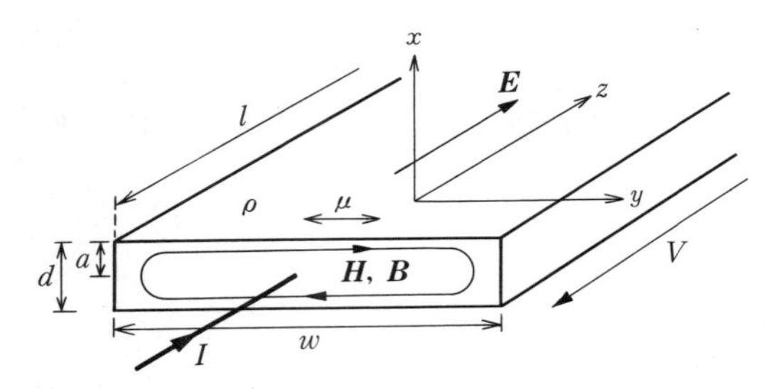

図 2.11　平板磁性体（薄膜）の交流通電モデル

直交座標を考えると，$\boldsymbol{E}=E_z$，$\boldsymbol{H} \fallingdotseq H_y$ であるから，式 (2.35) より次式が成り立つ。

$$\frac{\partial^2 E_z}{\partial x^2}+k^2 E_z=0$$

$$k^2=-\frac{j\omega\mu}{\rho},\ k=\frac{1-j}{\delta} \tag{2.56}$$

式 (2.56) の一般解は，A_1，A_2 を定数とすると

$$E_z(x)=A_1 \exp\left\{(1-j)\frac{x}{\delta}\right\}+A_2 \exp\left\{-(1-j)\frac{x}{\delta}\right\} \tag{2.57}$$

定数 A_1，A_2 は，以下のように決定される。

$(\mathrm{rot}\,\boldsymbol{E})_y=-\dfrac{\partial E_z}{\partial x}=j\omega\mu H_y$ であるから，$H_y(x)$ は

$$H_y(x)=\frac{1+j}{\omega\mu\delta}\left[A_1 \exp\left\{(1-j)\frac{x}{\delta}\right\}-A_2 \exp\left\{-(1-j)\frac{x}{\delta}\right\}\right] \tag{2.58}$$

$\boldsymbol{H}_y(a)=-\boldsymbol{H}_y(-a)$ であるから，式 (2.58) より次式が得られる。

$$A_1=A_2\equiv A=\frac{\omega\mu\delta H_y(a)}{(1+j)\left[\exp\left\{(1-j)\dfrac{a}{\delta}\right\}-\exp\left\{-(1-j)\dfrac{a}{\delta}\right\}\right]}$$

$$E_z(a)=A\left[\exp\left\{(1-j)\frac{a}{\delta}\right\}+\exp\left\{-(1-j)\frac{a}{\delta}\right\}\right] \tag{2.59}$$

つぎに，ポインティングベクトルを考えると

$$V\bar{I}=\iint(\boldsymbol{E}\times\bar{\boldsymbol{H}})_n dS=E_z(a)\,\bar{H}_y(a)\,(2lw+2ld)$$

$$\fallingdotseq 2lwE_z(a)\,\bar{H}_y(a) \tag{2.60}$$

$\bar{H}_y(a)\fallingdotseq\bar{I}/2w$ であるから，式(2.59)，(2.60)よりインピーダンスが次式で得られる。

$$Z=\frac{\omega\mu\delta l}{2(1+j)w}\coth\left\{(1-j)\frac{a}{\delta}\right\} \tag{2.61}$$

表皮効果が顕著な（$\delta\ll a$）の場合は，$\coth\{(1-j)a/\delta\}\fallingdotseq 1$ なので

$$Z\fallingdotseq\frac{(1+j)\,\omega\mu\delta l}{4w}=\frac{(1+j)\,l\sqrt{2\rho\omega\mu}}{4w} \tag{2.62}$$

$$|Z|=\frac{l}{2w}\cdot\frac{\sqrt{\rho\omega\mu_m}}{\sqrt{1+(\omega/\omega_c)^2}} \tag{2.63}$$

となる。

Z の変化特性は，3.3 節の磁気-インピーダンス効果の項で述べる。

2.5　センサ電子回路の強負帰還回路効果

電子回路技術によって高性能のセンサを構成する方法は多くあるが，その中でも強負帰還回路技術は，検出特性の線形化，分解能の向上，応答特性の高速化，温度安定性の向上，センサの量産性などを，すべて同時に顕著に高度化できるきわめて優れた手法である。ここでは，強負帰還回路の動作原理を述べる。

図 2.12 は，磁界センサの強負帰還回路構成のブロック線図であり，信号の流れを示したものである。

$F(\boldsymbol{H}_{ex},\ T)$ は，センサ機能磁性体をヘッドとする基礎的磁気センサ回路の感度関数を表し，感度が検出磁界 $\boldsymbol{H}_{ex}$ や周囲温度 T によって変動したり，$\boldsymbol{H}_{ex}$ の増減に対してヒステリシスを示したりすることを表している。$A(\omega)$ は，後段の

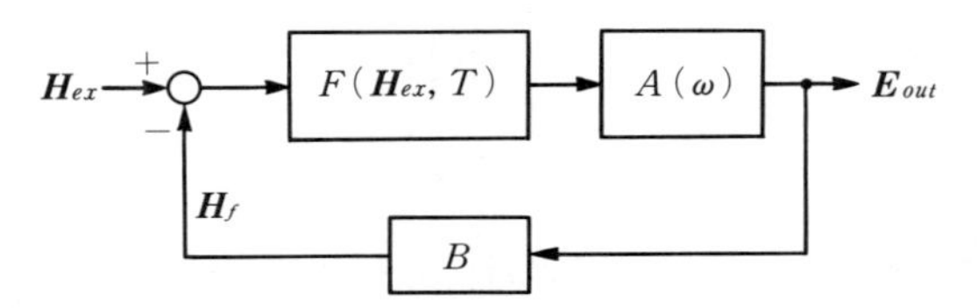

図 2.12　強負帰還ループをもつ磁気センサ回路

増幅器（amplifier）の増幅度であり，信号の角周波数 ω の関数である。B は，負帰還要素の伝達率であり，センサ出力電圧 $\boldsymbol{E}_{out}$ を負帰還磁界 $\boldsymbol{H}_f$ に変換する動作をし，$\boldsymbol{H}_{ex}$ や T によって変動しない線形受動素子で構成されている。

この回路構成では次式が成立する。

$$\boldsymbol{E}_{out}=A(\omega)F(\boldsymbol{H}_{ex},\ T)(\boldsymbol{H}_{ex}-\boldsymbol{H}_f)$$

$$\boldsymbol{H}_f=B\ \boldsymbol{E}_{out}$$

より

$$\frac{\boldsymbol{E}_{out}}{\boldsymbol{H}_{ex}}=\frac{A(\omega)F(\boldsymbol{H}_{ex},\ T)}{1+A(\omega)F(\boldsymbol{H}_{ex},\ T)B} \tag{2.63}$$

したがって，一巡伝達関数の利得が次式の条件

$$|A(\omega)F(\boldsymbol{H}_{ex},\ T)B|\gg 1 \tag{2.64}$$

を満たすと，式（2.63）は

$$\frac{\boldsymbol{E}_{out}}{\boldsymbol{H}_{ex}}\fallingdotseq\frac{1}{B} \tag{2.65}$$

となる。

すなわち，磁界検出特性は F に無関係となるので，$\boldsymbol{H}_{ex}$ や T に無関係に理想的な直線性を示すことになる。F が $\boldsymbol{H}_{ex}$ の増減に対してヒステリシスを示す場合も，式（2.65）により $\boldsymbol{E}_{out}$ はヒステリシスのない特性となる。

周波数特性は，$A(\omega)F(\boldsymbol{H}_{ex},\ T)$ の周波数特性を

$$A(\omega)F(\boldsymbol{H}_{ex},\ T)=\frac{A_0F_0}{1+j(f/f_0)} \tag{2.66}$$

とおくと，式（2.63）より，負帰還回路構成のセンサ回路全体の高域遮断周波数 f_{cut} は次式となる。

$$f_{cut}=f_0(1+A_0F_0B)\gg f_0 \tag{2.67}$$

ここに，f_0 は $A(\omega)F(\boldsymbol{H}_{ex},\ T)$ の高域遮断周波数，A_0，F_0 は，それぞれ $\boldsymbol{H}_{ex}$ が直流磁界（$f=0$）の場合の A，F である。

すなわち，式(2.64)の状態に設定すれば，f_{cut} は f_0 より著しく高くなり，高速応答センサとなる。

温度安定性に関しては，F が温度 T によって変化しても，条件式(2.64)が成立していれば，E_{out} は式(2.65)より F によらないので，B の温度変動が小さい場合は，強負帰還回路によって著しく安定化される。

以上のように，強負帰還回路技術を用いれば，磁性体のセンシング機能が印加磁界に対して，非線形であったりヒステリシス現象を示したりしても，センサ回路全体の出力電圧は，外部磁界に対して理想的な線形特性を示し，ヒステリシスも現れない。

同時に，センサ回路全体の応答速度も非常に早くなり，磁界の高速現象の波形も正確に検出できるセンサが実現できる。磁界センサの帰還要素は，帰還抵抗 R_f，帰還コイルの長さ l および巻回数 N_f で構成する場合は $1/B=lR_f/N_f$ となるので，R_f の温度変化を小さくしておけば，センサの温度安定性も非常に高くなる。

また，センサの感度は磁性体のセンシング特性のばらつきがある場合でも，R_f によってセンサ感度は正確に同一に設定できるので，センサの量産技術の面でも非常に有効である。

このように強負帰還法は，センサ回路構成技術全般にわたってきわめて有効な技術であるが，式（2.64）が成立していることが前提となっていることに注意する必要がある。そのため，以下のような留意点がある。

（1）　アンプは，通常は演算増幅器（operational amplifier）を用いるが，センサを高速応答にする場合は，高周波用演算増幅器を用いる必要がある。低周波演算増幅器では，高周波において A が急減し，式（2.64）が成り立たない。

（2）　A は100以上（数百）に設定する。F が $\boldsymbol{H}_{ex}$ や T などによって急減しても，式（2.64）の状態を保持するためである。

（3）　磁気変調形の磁気センサの場合，発振周波数がMHz以上であれば，検波用のダイオードには，高周波用ダイオードである**ショットキーバリヤダイオード**（Schottky barrier diode，略して **SBD**）を用いる必要がある。

2.6　BH ヒステリシスループの透磁率と等価電気回路表現

2.6.1　種々のヒステリシスループ

強磁性体の BH 特性は，**図 2.13** のような**ヒステリシスループ**(hysteresis loop)を示す。ヒステリシスの原因は，主として磁壁の移動における磁壁の**ピン止め**(pinning)による。磁壁がピン止めから離れるために必要な駆動磁界の最小値が磁壁移動限界磁界 $\boldsymbol{H_0}$ であり，BH ヒステリシスループで $\boldsymbol{B}=0$ に対応する磁界が**保磁力**（coercive force）$\boldsymbol{H_c}$ である。

図(a)は，変圧器鋼板や電動機鋼板などの高透磁率磁性体の BH 特性であり，交流磁界振幅 H_m が小さい場合は**レーリーループ**（Rayleigh loop）と呼ばれている。BH 特性の点線は，**初期磁化曲線**（initial magnetization curve）に対応する。

図(b)は，50 NiFe（デルタマックス）やアモルファスなどの制御用磁心の角形 BH ループであり，比較的低周波磁界に対して長方形のループを示す。

図(c)は，**リエントラントループ**（re-entrant loop）と呼ばれ，反転磁区形

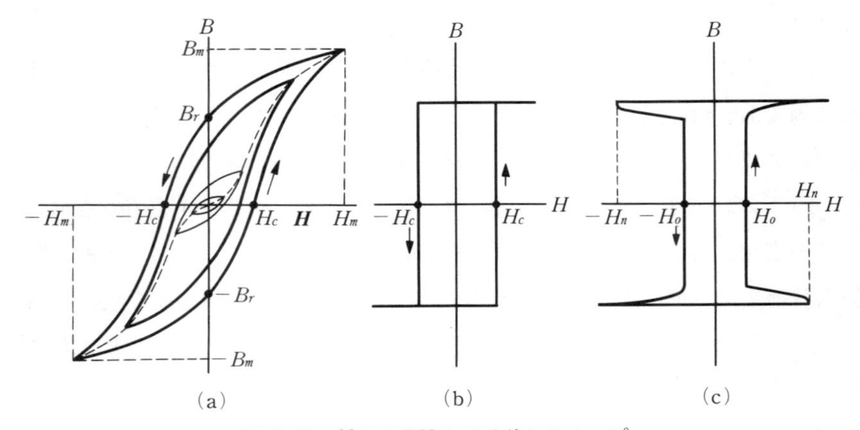

図 2.13　種々の BH ヒステリシスループ

成限界磁界 H_n が磁壁移動限界磁界 H_0 より大きい場合であり，磁束変化は，正と負の飽和レベルを二つの安定レベル（双安定）として跳躍的に行われる（3.4節の大バルクハウゼン効果を参照）。

2.6.2 等価電気回路表現

これらのBHヒステリシスループの全体を一つの透磁率で表すことができれば，デバイスを設計する場合に便利である。ここでは，**図2.14**で示す図的方法によって $\boldsymbol{B}(t)$ または $\boldsymbol{H}(t)$ を直交成分に分割し，交流励磁における透磁率および等価電気回路の表現方法を示す。

図(a)は電圧励磁（$\boldsymbol{B}=B_m \sin \omega t$），図(b)は電流励磁（$\boldsymbol{H}=H_m \sin \omega t$）の場合である。

図(a)より，$\boldsymbol{H}$ は $\boldsymbol{B}$ より位相が $\pi/2$ 進んだ成分 $\boldsymbol{H}_1=H_c \cos \omega t$ と，$\boldsymbol{B}$ と同相の非正弦波成分 $\boldsymbol{H}_2=\sum_{k=1} \boldsymbol{H}_{m2k-1} \sin(2k-1)\omega t$，$\sqrt{\sum_{k=1} H_{m2k-1}^2}=H_m$ の和で表すことができる。$\boldsymbol{H}$ は，磁性体の励磁電流 I に正比例するので（I と同相），$\boldsymbol{H}_1$ は，dB/dt すなわち電圧と同相であることから，$\boldsymbol{H}_1$ は，電圧と電流が同相である電気抵抗 R_h に流れる電流に対応している，と考えることができる。

BHヒステリシスループの面積は1サイクルあたりの鉄損であり，熱として消費される。電気抵抗も電気エネルギーを熱として消費するので，$\boldsymbol{H}_1$ が，磁気エネルギーの消費に関する磁界成分であることは理解できる。$\boldsymbol{H}_2$ は $\boldsymbol{B}$ と同相で，電圧より位相が $\pi/2$ だけ遅れており，非線形インダクタンス L_n を流れる電流に対応している。

いま，簡単のため $\boldsymbol{H}_2$ の基本波のみを考え，$\boldsymbol{B}$，$\boldsymbol{H}$ を複素表示（ベクトル）で表すと，透磁率 $\mu(=\boldsymbol{B}/\boldsymbol{H})$ はつぎの複素数で表される。

$$\mu=\frac{B}{H_2+jH_1}=\frac{\mu_m}{1+j\dfrac{H_c}{H_m}} \tag{2.69}$$

H_c は励磁周波数とともにほぼ正比例して増加し，μ が減少する。$\mu_m=B_m/H_m$ である。

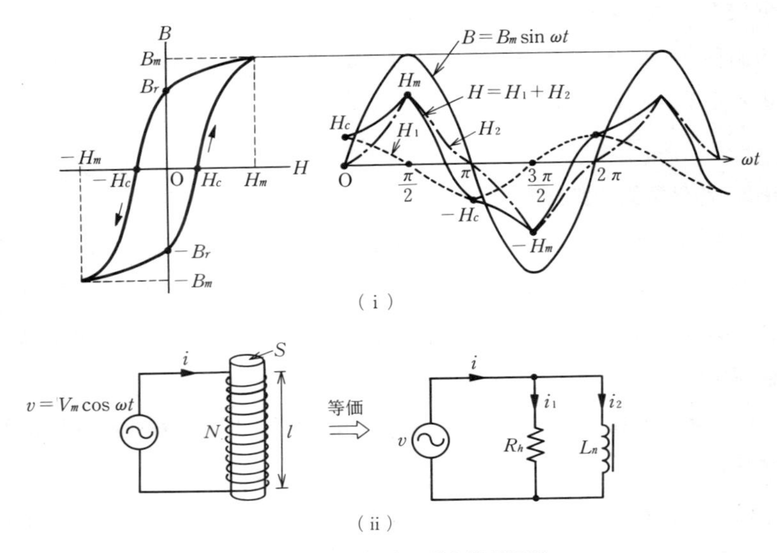

（a） 電圧励振時の磁心等価回路

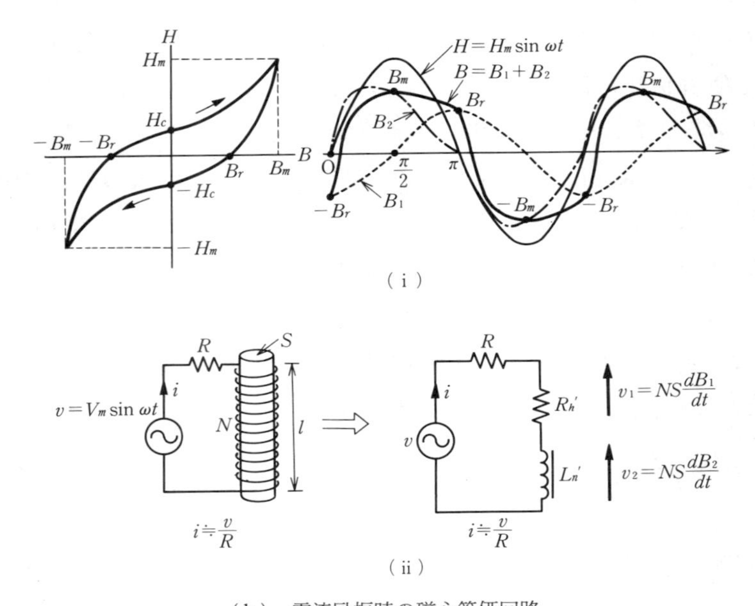

（b） 電流励振時の磁心等価回路

図 2.14　BH ヒステリシスループの電気回路等価表現

H_c が H_m に等しくなる周波数は，磁壁振動の緩和周波数 f_c に対応するので，式（2.69）は次式で表すことができる。

$$\mu = \frac{\mu_m}{1 + j\dfrac{f}{f_c}} \tag{2.70}$$

図の電圧励振時の等価回路より，R_h，L_n を求めると以下のようになる。

$$v = NS\frac{dB}{dt} = R_h i_1 \fallingdotseq L_n \frac{di_2}{dt} = V_m \cos \omega t$$

$$i \fallingdotseq \frac{lH}{N} = \frac{l(H_1 + H_2)}{N} = i_1 + i_2$$

より

$$R_h = \frac{\omega SN^2 B_m}{lH_c} \tag{2.71}$$

$$L_n \fallingdotseq \frac{SN^2 B_m}{lH_m} = \frac{\mu_m SN^2}{l} \tag{2.72}$$

ここに，S は磁心断面積，N はコイル巻回数，l はコイル高さである。

一方，電流励振時は，磁界 $\boldsymbol{H}$ が正弦波で与えられ，磁心の等価回路は図(b)のようになる。

このときの電気抵抗 R_h'，非線形インダクタンス L_n' は以下のようになる。

$$R_h' = \frac{\omega SN^2 B_r}{lH_m} \tag{2.73}$$

$$L_n' \fallingdotseq \frac{\mu_m SN^2}{l} \tag{2.74}$$

R_h，R_h' は角周波数 ω の関数であり，H_c，B_m，B_r も ω の関数なので，磁性体にもよるが，一般に R_h，R_h' は ω の増加とともに減少する。

透磁率を高周波励磁まで考慮し，より一般的な形で表すと次式のようになる。

$$\mu = \frac{\mu_{wo}}{1 + j\dfrac{\omega}{\omega_{wr}} - \left(\dfrac{\omega}{\omega_{wo}}\right)^2} + \frac{\mu_{so}\left\{1 + j\dfrac{\omega}{\omega_{r2}} - \left(\dfrac{\omega}{\omega_{so}}\right)^2\right\}}{1 + j\dfrac{\omega}{\omega_{r1}} - \left(\dfrac{\omega}{\omega_{so}}\right)^2} \tag{2.75}$$

ここに，μ_{wo} は磁壁移動による準静的線形化透磁率，μ_{so} はスピン回転による準静的線形化透磁率である（**図 2.15**）。

ω_{wr} は磁壁移動の緩和角周波数，ω_{wo} は磁壁の慣性を考慮した共振角周波数（$\omega_{wo} > \omega_{wr}$）である。

右辺第 2 項は，スピンの回転（磁化回転）による透磁率であり，ω_{so} はスピン回転の共振角周波数（$\omega_{so} > \omega_{wo}$），$\omega_{r1}$，$\omega_{r2}$ はそれぞれスピン緩和角周波数（$\omega_{r1} > \omega_{r2}$）である。

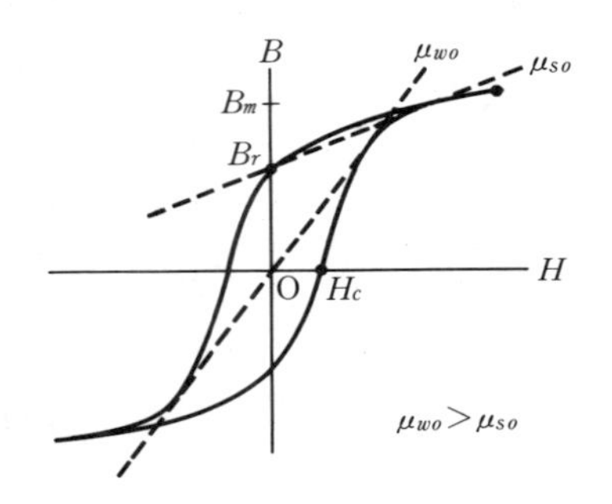

図 2.15　準静的 BH ループの線形化透磁率

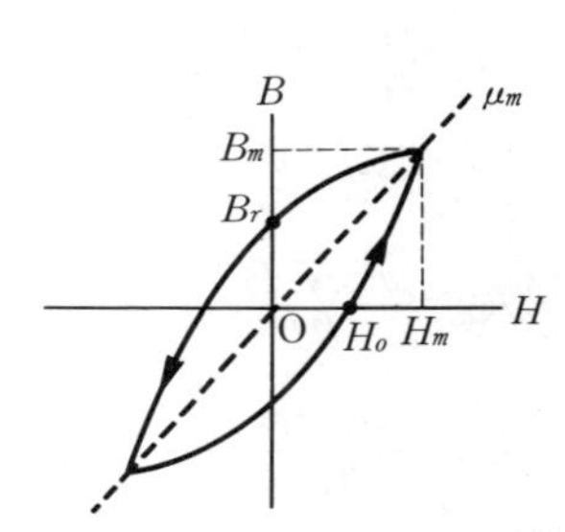

図 2.16　レーリーループ

2.6.3　レーリーループ

BH ヒステリシスループが特別な形状の場合は，解析的表現ができる。**図 2.16** は，保磁力 H_c 以下の小振幅交流磁界で励磁したときの BH ループで，既述のレーリーループである。

レーリーループは，BH 平面の原点近傍の微小な BH マイナーループであり，次式で表される。

$$B = (\mu_a + \nu H_m) H \mp \frac{1}{2} \nu (H_m{}^2 - H^2) \tag{2.76}$$

∓記号は上昇特性が－，下降特性が＋を表す。μ_a は $\boldsymbol{H}_m \to 0$ としたときの初透磁率，ν は 2 乗特性のパラメータで**レーリー定数**（Rayleigh constant）とよばれている。このループの 1 サイクルのヒステリシス損 W_h は

$$W_h = \oint B\, dH = \frac{4}{3} \nu H_m{}^3 \tag{2.77}$$

である。

残留磁束密度 B_r，保磁力 H_0 はそれぞれ

$$B_r=\frac{1}{2}\nu H_m{}^2 \tag{2.78}$$

$$H_c=\bar{\mu}\left(\sqrt{1+\left(\frac{H_m}{\bar{\mu}}\right)^2}-1\right)$$

$$\bar{\mu}=\frac{\mu_a+\nu H_m}{\nu} \tag{2.79}$$

増分透磁率（線形化透磁率）$\mu_m(=B_m/H_m)$ は

$$\mu_m=\mu_a+\nu H_m \tag{2.80}$$

である。

レーリーループの原点が 0 でない場合（メモリ状態）は，上昇特性と下降特性の ν が異なる。

図 2.17 は，第 2 調波形アナログメモリ† 磁心における 2 個の BH マイナーループの模式図であり，①，②のマイナーループは，BH 平面で原点対称の形でそれぞれ非対称の形状である。

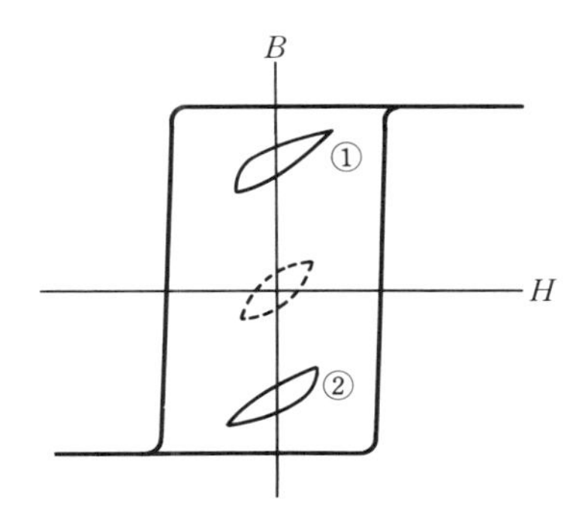

図 2.17　第 2 調波形アナログメモリの BH マイナーループ

メモリの再生（読出し）は，交流励磁で非破壊で行われ，読出し磁束（①-②）の波形は第 2 調波となるが，**図 2.18** の図的表示で理解されよう。

† 1960 年代後半に構想された多値メモリであり，微小トロイダル磁心に数ビットの記憶をさせようというアイデアであったが，半導体メモリの出現とともに実用化はされなかった。しかし，BH マイナーループの巧妙な利用という面から取り上げた。

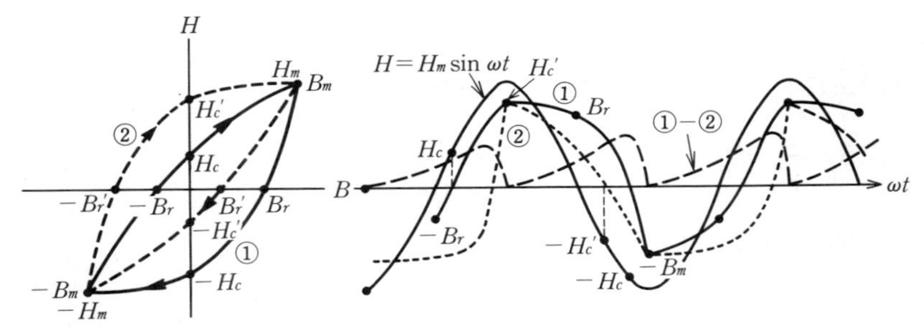

図 2.18　第2調波磁束波形の発生モデル

2.7 磁気回路理論

磁気回路理論（magnetic circuit theory）は，磁気ヘッドと記録媒体，高透磁率磁性体同士，高透磁率磁性体と永久磁石など，複数の磁性体の組合わせである磁気記録，誘導電動機，直流電動機，電磁石，磁気アクチュエータなどの電磁機器の動作解析，および設計を磁気（磁力線分布）の観点から行う場合に便利な回路理論である。

ここでは，直流電気回路との相似による従来の磁気回路理論の基礎を理解し，近年の磁気デバイスの高周波化の趨勢（すう）に対応した磁気回路理論の拡張を，磁気インピーダンスの概念を導入して試みる。

2.7.1 磁気回路理論と磁気抵抗

マクスウェルの方程式を基礎に，電界と磁界を対応させると，**表 2.1** のように，電気（抵抗導体）と磁気（磁性体）のパラメータの一連の対応が成立する。

したがって，表 2.1 のアナロジーを用いると，磁束は，**磁気抵抗**（magnetic resistance）を求めることができれば，電気回路の抵抗回路の解析方法に対応させて求めることができる。

すなわち，誘導電動機のステータ磁心とロータ磁心などのように，複数の磁性体の直列的組合わせによる磁気装置の磁束 ϕ は，空隙（げき）を含めたおのおのの部

表 2.1 電気と磁気の対応

電　気	マクスウェル方程式	磁　気
電　界　$\boldsymbol{E}$〔V/m〕 電流密度　$\boldsymbol{i}$〔A/m²〕 導電率　σ〔A/(V・m)〕 電　圧　V〔V〕 $\left(V=\int E dl\right)$ 電　流　I〔A〕 $\left(I=\iint i_n\, dS\right)$ 電気抵抗 $R=V/I$ $=\int E\, dl \Big/ \iint i_n\, dS$ $=\int dl/\sigma S$〔Ω〕 一様材質，一様形状では $R=l/\sigma S$	rot $\boldsymbol{E}=-\partial \boldsymbol{B}/\partial t$ rot $\boldsymbol{H}=\boldsymbol{i}$ div $\boldsymbol{B}=0$ (磁束の連続性，還流性) div $\boldsymbol{i}=0$ (電流の連続性，還流性) $\boldsymbol{i}=\sigma \boldsymbol{E}$ $\boldsymbol{B}=\mu \boldsymbol{H}$	磁　界　$\boldsymbol{H}$〔A/m〕 磁束密度　$\boldsymbol{B}$〔Wb/m²〕 透磁率　μ〔Wb/(A・m)〕 起磁力　V_m〔A, AT〕 $\left(V_m=\int H\, dl\right)$ 磁　束　ϕ〔Wb〕 $\left(\phi=\iint B_n\, dS\right)$ 磁気抵抗 $R_m=V_m/\phi$ $=\int H\, dl \Big/ \iint B_n\, dS$ $=\int dl/\mu S$〔AT/Wb〕 $R_m=l/\mu S$

分の磁気抵抗 R_{mi} を設定することにより，次式で求めることができる。

$$\phi=\frac{V_m}{\sum_{i=1}^{n} R_{mi}} \tag{2.81}$$

空隙の磁気抵抗は，$R_m=\delta/\mu_0 S$（δ：ギャップ長，μ_0：真空の透磁率 $4\pi\times10^{-7}$ H/m，S：ギャップ断面積）なので，微小な δ でも大きな磁気抵抗値となる。

したがって磁性体の直列的配置の場合は，空隙には十分の配慮が必要になる。

また，多脚変圧器や電磁石の磁心のように，磁性体が並列的に組み合わされている場合は，磁束 ϕ は次式で表される。

$$\phi=V_m\left(\frac{1}{R_{m1}}+\frac{1}{R_{m2}}+\cdots\cdots\right) \tag{2.82}$$

起磁力 V_m は，コイルによる励磁方式の場合は，コイルの巻数 N と励磁電流 I との積 NI〔AT〕である。複数のコイルを使用するときは，全体の磁路に関する磁界の方向を考慮して，各コイルの起磁力の和を求める。

永久磁石を磁気源とする場合は，起磁力は零である。このときは，磁石内の強い反磁界が起磁力を決定する要因となる。磁石の透磁率は μ_0 に近い値であるので，磁石は，内部磁気抵抗が非常に大きい磁気源と考えられる。これは，電気回路の電流源に対応する。

2.7.2 磁気インピーダンス

励磁周波数が高い場合は，交流電気回路のインピーダンス $Z=V/I$ に対応して，磁気抵抗を発展させて**磁気インピーダンス**（magnetic impedance）Z_m というものを考える必要がある。

すなわち，2.6 節で述べたように μ は，緩和周波数を f_c とすると $\mu=\mu_m/(1+jf/f_c)$ という複素数で表されるので，Z_m は次式で定義される。

$$Z_m=\frac{V_m}{\phi}=\frac{l}{\mu_m S}\left(1+j\frac{f}{f_c}\right) \tag{2.83}$$

ここで，磁気インピーダンス Z_m とインピーダンス Z の関係を，図 2.15 のように，磁心を N ターンコイルで交流励磁する場合で求めてみる。

V，I，ϕ を複素表示ベクトルとすると，$Z=V/I$，$V=j\omega N\phi$，$V_m=NI=Z_m\phi$ であるから，Z_m と Z またはアドミタンス Y の関係は次式で表される。

$$ZZ_m=j\omega N^2,\ \ Z_m=j\omega N^2 Y \tag{2.84}$$

式(2.73)は交流励磁の場合の電気回路と磁気回路を結び付ける式であり，磁性体の磁気インピーダンスを求めれば，コイル両端間のインピーダンスが決定されることになる。複素電力 $V\bar{I}$ は，次式で表される。

$$V\bar{I}=Z|I|^2=j\omega\bar{Z}_m|\phi|^2 \tag{2.85}$$

2.8 センサ素材としてのアモルファス磁性体の回転磁化

磁性体の磁化は，**磁壁移動**（domain-wall displacement）と**磁化回転**（magnetization rotation）の両者によって行われる。BH ヒステリシスループにおいては，図 2.13(a)のように，$-B_r<B<B_r$ では，磁化は主として磁壁移動によって行われ，$-B_s<B<-B_r$ および $B_r<B<B_s$（B_s は飽和磁束密度）では，主として磁化回転で行われる。

磁壁移動は比較的小さな H の範囲で生じ，磁束の変化が大きいので，電力用変圧器やリアクトル，および制御用磁心では磁壁移動を利用している。保磁力 H_c は，磁壁移動における磁壁のピン止め力なので BH ヒステリシスの発生原因であり，エネルギー損(BH ヒステリシスループの面積が交流励磁 1 サイクルあたりの鉄損）の主要因となっている。

また，磁壁移動によって大きな渦電流が発生するので，励磁周波数が高くなるとエネルギー損が急速に増加し，磁性体の発熱が生じる。

さらに，磁壁移動は，磁性体内部のピン止め核が，一般に不規則に多数個分布しているため，局所的に不連続の磁束変化となり，いわゆるバルクハウゼン雑音（4.2.1 項参照）の原因となる。

この**ピン止め力**（pinning force）は，熱によって不規則に変動するので，磁化の**熱ゆらぎ雑音**（thermal fluctuation noise）の原因となる。

アモルファス磁性体では，結晶および結晶粒界が存在せず，ピン止め核の数が少ないので静磁エネルギーが低く，したがって磁壁の数が結晶質磁性体の場合に比して少ない。このため，バルクハウゼン雑音や熱ゆらぎ雑音が大きく発生するので，信号波形を忠実に検出するリニアセンサを構成する場合は，磁壁移動領域は避けるほうがよい。

ただし，図 2.13(c)のように，反転磁区形成限界磁界 H_n が H_c より大きい場合は，磁壁の一回の**跳躍的移動**(large Barkhausen discontinuity，**大バルクハウゼン跳躍**ともいう）で大きな磁束変化が生じ，検出コイルに，励磁速度に無関係に鋭いパルス電圧を発生させるので，セキュリティセンサや磁壁伝搬形距離センサなどでは，試料長さ方向の磁壁の移動（伝搬）を積極的に利用している。

磁化回転領域では，磁束密度変化の最大値は $|B_s - B_r|$ であり，磁束の大きな変化を生じさせる 180° 磁壁移動はほとんどないので，バルクハウゼン雑音や熱ゆらぎ雑音が小さく，SN 比の高い高精度の磁気センサを構成する場合に使用する。

磁化回転領域は，ヒステリシスの面積が小さくまた渦電流も小さいので，高周波やパルス形状の磁界で励磁しても，励磁損失が小さい利点がある。励磁損失は，磁気センサの応答速度や消費電力に直結するので，重視する必要がある。

アモルファス磁性体は，結晶磁気異方性がないので磁化回転が容易であり，また，電気抵抗率が高いので渦電流が小さく，高周波域まで回転透磁率が高い。したがって，磁化回転により，感度，精度 (SN 比)，応答速度，温度安定性が高く，低消費電力のリニアセンサを構成することができる。

ここでは，アモルファス磁性体の磁化回転の動作を，**図 2.19** の磁化ベクトルモデルを用いて解析する。

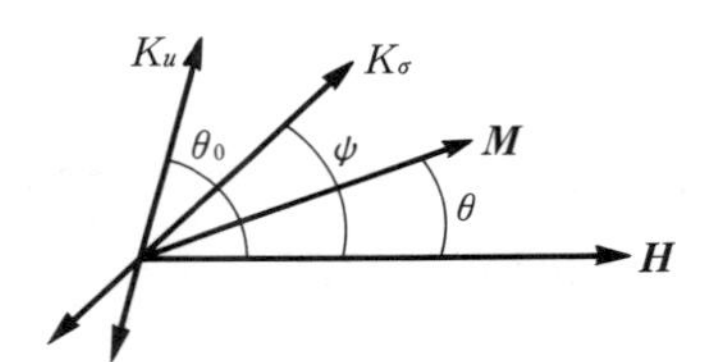

図 2.19　磁化回転モデル

K_uは，超急冷や熱処理後の残留応力 σ_r による磁歪の一軸誘導異方性エネルギー（異方性定数）で，$K_u=(3/2)\lambda\sigma_r$ である。K_σ は，外部印加応力 σ による一軸誘導異方性エネルギーで，$K_\sigma=(3/2)\lambda\sigma$ である。磁歪 λ が正の磁性体では σ_r，σ は張力であり，λ が負の磁性体では圧縮力（張力と直角方向）である。

アモルファス磁性体では結晶磁気異方性が存在しないので，K_u，K_σ，および外部印加磁界 H，磁化 M，反磁界 $\boldsymbol{H}_{dem}$（$\boldsymbol{M}$ と反対方向：$\boldsymbol{H}_{dem}=-N_{dem}\boldsymbol{M}/\mu_0$）の 5 種類の電磁気量を考慮すればよい。

いま，反磁界が小さい場合を考え，$\boldsymbol{M}$ と $\boldsymbol{H}$ のなす角を θ，K_u，K_σ と $\boldsymbol{H}$ のなす角をそれぞれ θ_0，ψ とおくと，磁性体の磁気エネルギー E は，磁界のエネルギー $E_{\mathrm{H}}=-M_sH\cos\theta$，$K_u$，$K_\sigma$ による異方性エネルギー $E_{K_u}=-K_u\cos^2(\theta_0-\theta)$，$E_{K_\sigma}=-K_\sigma\cos^2(\psi-\theta)$ の和 $E=E_H+E_{K_u}+E_{K_\sigma}$ で表され，$\boldsymbol{M}$ の $\boldsymbol{H}$ 方向成分 $M_s\cos\theta$ が $\boldsymbol{H}$ 方向磁化 M_H である。

$\cos\theta$ は，E が最小となる原理で決定される。$\partial E/\partial\theta\equiv 0$ より

$$M_sH\sin\theta+K_u\left\{\sin 2(\theta-\theta_0)+\frac{\sigma}{\sigma_r}\sin 2(\theta-\phi)\right\}=0 \tag{2.86}$$

ここで，$\cos\theta=x$ とおくと，式 (2.86) から x の満たす式は

$$4(S^2+C^2)x^4+4Chx^3-\{4(S^2+C^2)+h^2\}x^2-4Chx-h^2=0$$

$$S=\sin 2\theta_0+\frac{\sigma}{\sigma_r}\sin 2\phi$$

$$C=\cos 2\theta_0+\frac{\sigma}{\sigma_r}\cos 2\phi$$

$$h=\frac{M_s}{K_u}H \tag{2.87}$$

となる。

x は式(2.87)の四次式の解として求められるが，物理的意味の見通しはよくない。そこで，具体的には数値計算によって回転磁化特性を把握する。式(2.87)は，σ を定数とし，$\boldsymbol{H}$ を検出信号磁界 $\boldsymbol{H}_s$ と励磁磁界 $\boldsymbol{H}_x$ のベクトル和とすれば，磁界センサの動作の基礎を表し，$\boldsymbol{H}$ を定数として σ を変数とすれば，張力センサ，ひずみセンサ，トルクセンサなどの応力センサを解析する基礎となっている。

いま，アモルファス磁性体を種々の処理によって制御し，$\sigma \ll \sigma_r$，$\theta_0=90°(\pi/2)$ とすると，式(2.86)よりただちに $x=M_sH/2K_u$ が導かれ，$M_H=M_sx=(M_s^2/2K_u)H$ となって，M_HH 特性は直線となる。帯磁率 χ は，$\chi=M_s^2/3\lambda\sigma_r$ であり，零磁歪アモルファス磁性体が最も高い透磁率，すなわち**回転透磁率**（rotation permeability）をもつことがわかる。

図 2.20 は，$\sigma \ll \sigma_r$ の場合の数値計算による M_HH 特性である。

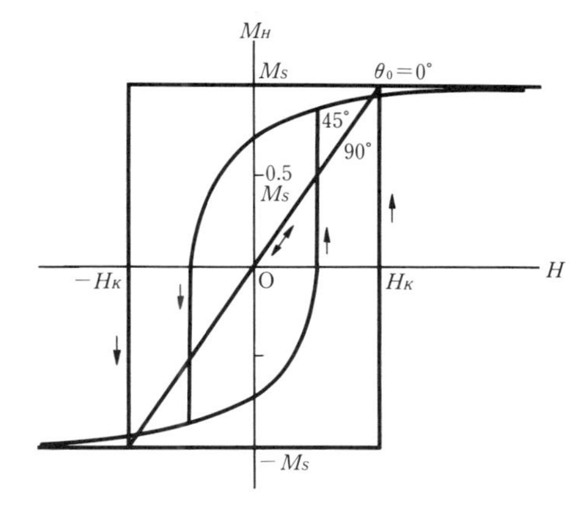

図 2.20 M_HH 特性

$\theta_0=90°$ では，$\boldsymbol{H}\equiv H_K=2K_u/M_s=3\lambda\sigma_r/M_s$ で $\boldsymbol{M}_H=M_s$ となって飽和するが，θ_0 が 90° より小さい場合が飽和しにくいことになる。$H_K(=2K_u/M_s)$ は，**異方性磁界**（anisotropy field）と呼ばれる。

アモルファス磁性体では，アニールにより σ_r を小さくすることができるので，零磁歪材では，H_K は数十 A/m（1 Oe 程度以下）の小さな値が可能である。

$\sigma\ll\sigma_r$ で，磁界 $\boldsymbol{H}$ が十分小さい場合（$\varDelta\boldsymbol{H}\ll H_K$）には，$\varDelta\theta=\theta_0-\theta$ とおけば $\varDelta\theta\ll\pi/2$ であり，式（2.86）から，$2K_u\varDelta\theta=M_s\varDelta H\sin\theta_0$ となって

$$\varDelta\theta=\frac{M_s\sin\theta_0}{2K_u}\varDelta H \tag{2.88}$$

である。初磁化率 χ_a は

$$\chi_a=\left(\frac{\partial\boldsymbol{M}_H}{\partial\boldsymbol{H}}\right)_{H=0}=M_s\sin\theta_0\frac{\partial\theta}{\partial H}=\frac{M_s{}^2\sin^2\theta_0}{2K_u} \tag{2.89}$$

となり，$\theta_0=\pi/2$ で最大となる。

演　習　問　題

（**1**）細長い磁性体では，中心部では反磁界は小さいが，端部ではどうか。反磁界の発生原因を考慮して説明せよ。

（**2**）反磁界と反磁界係数の関係を述べよ。反磁界係数が大きい場合でも，反磁界が小さい場合がある。その例を述べよ。

（**3**）図 2.9 と式（2.29）において，ヘッド幅 $\varDelta$ が $2d$ の場合，表面磁界は零となるが，その理由を述べよ。

（**4**）表皮効果が顕著な場合，外部磁界によって透磁率を変化させると，磁性体のインピーダンスはどのように変化するかを述べよ。

（**5**）強負帰還電子回路によって，磁気センサの諸性能はいずれも理論的に向上するが，これを実現するための条件を列挙せよ。

（**6**）BH ヒステリシスカーブをもつ磁心を，電気回路で等価的に表現するとどのように表されるか。このとき電源の周波数を変化させると，回路パラメータはどのように変化するかを述べよ。

磁性体のセンシング機能
— 磁 気 効 果 —

近年，情報化社会の急速な発展とともにセンサの必要性がますます高まり，エレクトロニクス技術によるセンサの生産の発展（1994年の日本の年間生産個数約4億個，生産額約6千億円）に伴って，センサの設計理論の確立に対する要望が高まっている。

磁気センサの設計は，1.3節で述べたように，磁性体のセンシング機能を効率よく発揮するセンサヘッドの設計と，センサとして高感度・高精度で安定に動作するセンサ電子回路の設計によって行われる。

このうち，電子回路は，半導体集積回路（integrated circuit，略してIC）技術の発展により，多種多様なアナログおよびディジタル回路チップが自由に，そして安価に使用できるようになり，センサ電子回路は，磁気ヘッドの形態や機能に応じて選択できる体制ができている。

したがって，磁気センサを構成するポイントは，磁性体のセンシング機能を理論的に正確に，しかもそのポイントを把握することである。特に，最近のセンサに要求される**ヘッド寸法のマイクロ化**（micro-sized head）と，磁性体のセンシング機能との関連をつねに念頭において，センシング機能の把握と新たな発見に挑戦することが，高性能センサを設計する力となる。

センシング機能は，従来の磁性の教科書では，「磁気効果」として巻末に付録的に記載されていたが，本書の磁気センサ理論では，基礎をなす重要な電磁気現象として扱う。ここでは，多くの**磁気効果**（magnetic effect）を，できるだけ基本式を用いて理解するようにした。

3.1 電流磁気電界効果

3.1.1 は じ め に

電流磁気電界効果 (current-magneto electric field effect)[†] は，マイクロ磁気センサとして最も広く使用されているホール素子や，**磁気-抵抗素子**(magneto-resistive element, **MR 素子**ともいう）の基礎となる磁気効果である。素子に直流電流 I を通電し，外部磁界 $\boldsymbol{H}_{ex}$ を印加する場合に現れる素子の電界 $\boldsymbol{E}$（または電圧 V）の変化に関する現象の総称であり，**ガルバノ磁気効果** (Galvano magnetic effects) とよばれてきた。

図 3.1(a)はホール効果 (3.1.2 項参照)，図(b)は磁気-抵抗効果 (3.1.3 項参照)の説明図である。この電流磁気電界効果は，ロシアの Landau によって現象論的に電界ベクトルに関する次式で表されている。

$$\boldsymbol{E}=\rho\boldsymbol{i}+a(\boldsymbol{i}\times\boldsymbol{H})+b\boldsymbol{H}(\boldsymbol{i}\cdot\boldsymbol{H}) \tag{3.1}$$

右辺第 1 項はオーミック電界ベクトル $\boldsymbol{E}_\rho$，第 2 項はホール電界ベクトル $\boldsymbol{E}_H$，第 3 項は磁気-抵抗効果の電界ベクトル $\boldsymbol{E}_{MR}$ である。$\boldsymbol{i}$，$\boldsymbol{H}$ は，それぞれ電流密度ベクトルおよび外部印加磁界ベクトルである。

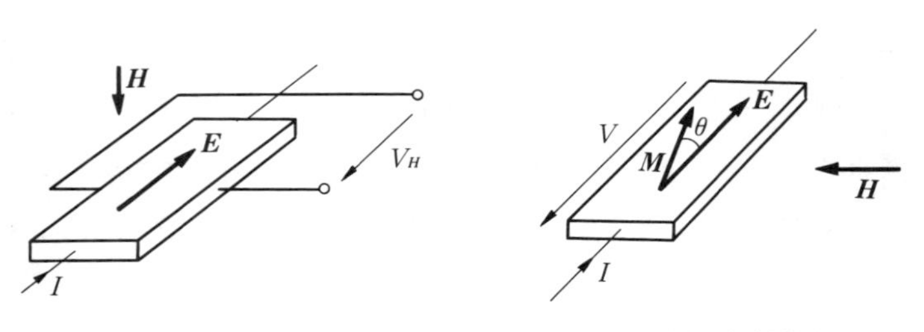

（a） ホール効果　　（b） 磁気-抵抗効果

図 3.1 ガルバノ磁気効果

---

† この名称は本書で使用しているものであり，まだ一般化した名称ではない。この磁気効果を最も直接的に反映した名称と思われる。

3.1.2 ホール効果

ホール効果（Hall effect）は，式（3.1）の右辺第2項による効果であり，$\boldsymbol{i}$ と逆方向に移動する伝導電子は，$\boldsymbol{i}$ と $\boldsymbol{H}$ のなす平面に垂直方向にローレンツ力〔$F=-e(\boldsymbol{E}_0+\boldsymbol{v}\times\boldsymbol{H})$；$\boldsymbol{E}_0$：静電界，$\boldsymbol{v}$：電子の速度〕を受け，試料幅方向に電界（ホール電界 $\boldsymbol{E}_H$）が発生する。

$R_H=-E_H/iH$ を，**ホール係数**（Hall coefficient）とよぶ。

ホール効果は，Si, InSb, GaAs などの半導体で顕著に現れ，**ホール効果磁界計**（Hall effect magnetic field meter，**ホールマグネトメータ**ともいう）は，最近はほとんど InSb のヘッドを用いている。ホールマグネトメータは，1〜20 kG の磁界検出に適している。

市販のホール効果磁界計は，応答速度は電子回路で決まり，約 1〜5 kHz に設定されている。ホール素子そのものの応答速度は，1 MHz 程度はあると考えられている。ホール素子は半導体の伝導電子の挙動によるので，温度変動の影響を受けやすく，最高使用温度も一般には 80°C程度で低い。GaAs ではより高温まで使用できるが，磁界検出感度は InSb より低い。

なお，磁性体の R_H は小さく実用的ではない。

3.1.3 磁気-抵抗効果

磁気-抵抗効果（magneto-resistive effect，略して **MR 効果**）は，式（3.1）の右辺第3項による効果であり，$\boldsymbol{H}$ の方向に電界 $\boldsymbol{E}_R$ を生じる現象である。$R_M=E_R/iH^2$ は，磁気-抵抗係数とよばれることがある。

半導体では R_M の値は小さく，実用的ではない。磁化ベクトル $\boldsymbol{M}=\chi\boldsymbol{H}$ をもつ磁性体では，式（3.1）に，$\boldsymbol{H}=\boldsymbol{M}/\chi$ を代入すると

$$\boldsymbol{E}_M=\beta\boldsymbol{M}(\boldsymbol{iM}),\quad \beta=\frac{b}{\chi^2} \tag{3.2}$$

であり，強磁性体では $\boldsymbol{E}_M$ は $\boldsymbol{M}$ の方向に生じる。$\boldsymbol{M}$ と素子長さ方向（$\boldsymbol{i}$ の方向）とのなす角が θ であれば，$\boldsymbol{E}_M$ は素子長さ方向に $\beta iM^2\cos^2\theta$，素子幅方向に $(\beta iM^2/2)\sin 2\theta$ の電界成分を発生する。

素子の長さを l，断面積を S とすると，素子長さ方向の電圧 V は $V=\beta l(I/S)M^2\cos^2\theta$ なので，素子の電気抵抗 $R(=V/I)$ は，$\boldsymbol{H}$ の関数として次式で表される。

$$R=\left(\frac{\beta l M^2}{S}\right)\cos^2\theta\,(\boldsymbol{H}) \tag{3.3}$$

$$\varDelta R=R(\boldsymbol{H}=\boldsymbol{H}_s)-R(\boldsymbol{H}=0)$$

素子は軟磁性薄膜で作成される場合が多く，磁気異方性は素子長さ方向に設定されるので，$\boldsymbol{H}=0$ では $\theta=0$ ($\cos\theta=1$) であり，式(3.3)より $\boldsymbol{H}$ に対して対称的に R が減少する。

磁気-抵抗効果は誤解されやすい名称であり，あたかも磁界によってオーミック電気抵抗が変化するような印象を受けるが，その本質は，磁界によって磁化ベクトルの傾斜角が変化するものであり，電気抵抗率の変化ではない。

試料が単磁区でなく多磁区構造である場合は，$\boldsymbol{H}$ によって磁壁移動が生じ，磁化回転の前に $\boldsymbol{M}$ の大きさが変化する現象が加わる。

この磁壁移動は，$\boldsymbol{H}$ を反転させるとき，新たに反転磁区の形成も生じ，試料内の局所的保磁力 $\boldsymbol{H}_c$ (磁壁移動限界磁界)が一定せず，$\boldsymbol{E}_M$ と $\boldsymbol{H}$ の関係はヒステリシスを生じる場合が多い。これは MR 素子の動作の不安定要因となるので，MR 素子では磁気異方性を制御して，できるだけ単磁区構造で使用するようにしている。

強磁性体（NiFe パーマロイや FeCo 合金などの薄膜）の磁気-抵抗効果は，電気抵抗の変化 $\varDelta R/R_s$ (R_s は十分大きな磁界 $\boldsymbol{H}$ を与えた場合の抵抗 R) で表現した場合，最も感度のよいもので 50 Oe で－(4～5) %，20 Oe で－(2～3) %である。すなわち，単位磁界に対する変化率は，約 0.1%/Oe である。

薄膜を使用する理由は，100 μm 四方以下の微小寸法の素子とする場合に，微小断面のジグザグパターンとして必要な抵抗の絶対値を確保することや，ブリッジ構造にして感度を上昇させるための集積技術が適用できることなどによる。

図 3.2 は，MR 素子の構成例である。図(a)は，MR 単一素子構造であり，ロータリエンコーダヘッドなどに使用される。すなわち，多極着磁体の N 極から

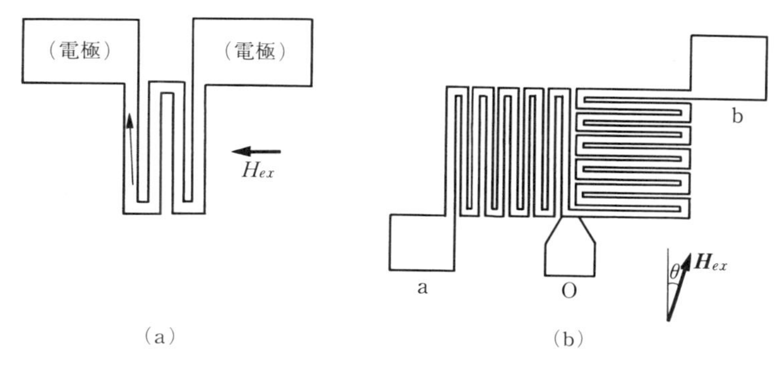

図 3.2　パーマロイ薄膜の MR 素子

S 極へ向かう磁力線 $\boldsymbol{H}_{ex}$ が，MR 素子の横方向へ印加されると，R が減少して N 極と S 極の中間位置を検知する。

図（b）は，印加磁界 $\boldsymbol{H}_{ex}$ の角度 θ を検知する MR 素子であり，三端子構造となっている。端子 a-O 間電圧 $\boldsymbol{E}_{ao}$ と端子 b-O 間の電圧 $\boldsymbol{E}_{bo}$ の差 $\varDelta \boldsymbol{E}=\boldsymbol{E}_{ao}-\boldsymbol{E}_{bo}$ は，$0 \leqq \theta < \pi/4$ で正，$\pi/4 \leqq \theta < \pi/2$ で負となる。

3.2　巨大磁気 - 抵抗効果

1988 年に，フランスの Fert ら[9] と米国 IBM 社の Parkins らが独自に，多層薄膜で巨大な磁気 - 抵抗変化が生じる現象を発見した。Fe/Cr/Fe の多層膜に大きな磁界（10 kOe）を印加すると，電気抵抗変化 $\varDelta R/R_s$ は低温で －80% 以上，室温でも－60% 程度であり，従来の MR 効果の 10 倍以上であることから，**巨大磁気-抵抗効果**（giant magneto-resistance effect，略して **GMR 効果**）とよばれた。

しかし，単位磁界あたりの抵抗変化率 $\varDelta R/R_sH$ は－0.1%/Oe 以下であり，むしろ従来の MR 素子より低い。また，$\boldsymbol{H}$ の増減に対する両端電圧値のヒステリシスが大きく現れることが多く，実用への障害が懸念された。

その後，GMR 効果の発生機構がしだいに明らかとなり，NiFe/Cu/Co などの，より感度の高い組成もつぎつぎと発見された。発生機構では，Cu 層を介して

NiFe, Co の磁性層の磁化ベクトルの相互結合が，反平行（反強磁性結合）の場合に電気抵抗率が高い状態であり，平行（強磁性結合）の場合に，電気抵抗率が減少することが明らかになった。

1993 年には，IBM 社より「スピンバルブ」と命名された高 H_c/Cu/低 H_c サンドイッチ膜が開発され，磁化回転を利用することにより，4 Oe の磁界で 4% の抵抗変化を生じる素子が作成された。これは 1%/Oe の変化率なので，従来の MR 素子より約 10 倍感度が高い。

その後，多層膜の磁化結合形以外にも，グラニュラー形やトンネル効果形など種々の GMR 効果が発見されている。

GMR 効果は，MR 効果が巨大に現れているとの印象を受けやすいが，発生機構は異なっている。MR 効果は，磁界による磁化ベクトルの角度変化による電気抵抗変化であるが，GMR は，導体層の両側の磁性層における反強磁性結合から強磁性結合に変化した場合の，電子移動度の変化によるものであり，電気抵抗率 ρ の変化である。したがって，式（3.1）の右辺第 1 項に対応する。

なお，抵抗変化率は，MR 素子のように MR 効果が小さい場合には，慣習的に $\Delta R/R_s$ が使用されているが，工学的な変化率は，通常は出発点の値を基準として，それからどのように変化したかを考える。

したがって，抵抗変化率としては，$\boldsymbol{H}=0$ のときの R の値 R_0 を用いた $\Delta R/R_0$（$\Delta R=R_0-R_s$）を用いるほうが，実用上わかりやすい。

抵抗変化率が小さい場合はどちらを用いても大きな差はないが，GMR 効果では問題になる。すなわち，$\Delta R/R_s$ が -80%のとき $\Delta R/R_0$ は -45%である。逆に，$\Delta R/R_0$ が -80%のときは $\Delta R/R_s=-400$%となり，直感的にわかりにくい値になる。

したがって，現象の変化が大きい場合は，変化率は，（変化幅）/（出発点の値）を用いるべきであろう。**図 3.3** は，GMR 効果の特性例である。

MR 素子は，1996 年になってから日米のコンピュータメーカが，いっせいにパーソナルコンピュータのハード磁気ディスク用磁気ヘッドへの応用を開始した。従来の磁心にコイルを巻き回した誘導形磁気ヘッドでは，高密度記録ディ

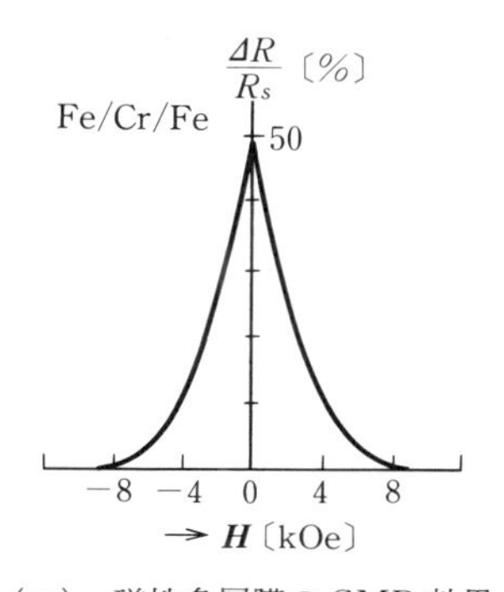

(a) 磁性多層膜の GMR 効果

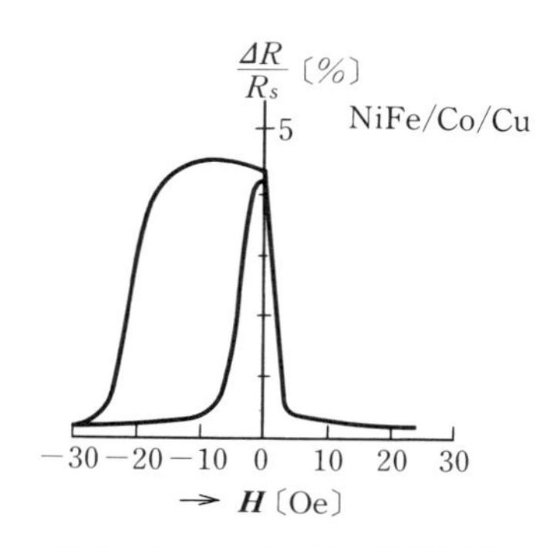

(b) スピンバルブの GMR 効果

図 3.3 磁性多層膜の GMR 効果

スクの信号を十分再生できないため，MR 素子がヘッド用素子として浮上してきたためである。

MR ヘッドでは，約 0.8 Gb/inch² (1 インチ四方の面積あたりのギガビット数) の高密度記録信号の再生ができると評価されている。数年後には数 Gb/inch² の記録密度が必要とされており，このため GMR 効果磁気ヘッドが有望視され，開発が始められようとしている。

この記録密度の向上は，パーソナルコンピュータを動画像を処理できるマルチメディア用コンピュータとするために必要な技術課題である。

3.3 磁気 - インピーダンス効果

3.3.1 は じ め に

軟磁性体に高周波電流を直接通電すると，表皮効果によって電流の通路断面積は表皮深さによって決まる。

この表皮深さ δ は $\delta=\sqrt{2\rho/\omega\mu}$ であり，電流と直角方向の透磁率 μ が外部印加磁界 $\boldsymbol{H}$ によって変化するので，δ が $\boldsymbol{H}$ によって変化し，試料の電気抵抗 R〔$\rho l/S$, $S\fallingdotseq\pi\delta(2a-\delta)$〕が $\boldsymbol{H}$ で変化することになる。試料の μ の変化で，R と同時にインダクタンス L(内部インダクタンス$=\mu l/8\pi$) も変化するので，試料

のインピーダンス Z が $\boldsymbol{H}$ によつて変化することになる。μ は一般に複素数なので，表皮効果がない場合でも，わずかであるが，磁性体のインピーダンスが磁界によって変化することになる。表皮効果により，インピーダンスは磁界によって巨大変化を示す。これを**磁気‐インピーダンス効果**(magneto-impedance effect，略して **MI 効果**)[10] とよぶ。

円柱形状および薄膜形状の Z は，式(2.49)，(2.53)，(2.55)および式(2.61)，(2.62)で与えられている。表皮効果が顕著な場合は，Z の大きさ $|Z|$ は $\sqrt{\omega\mu}$ に比例し，μ が $\boldsymbol{H}$ によって敏感に変化するため，試料両端間の電圧の振幅は，$\boldsymbol{H}$ によって大きく変化する。

この MI 効果は，従来の高感度磁界センサのフラックスゲートセンサ(FG センサ，4.2 節参照）で利用している**磁気‐インダクタンス効果**（magneto-inductance effect）と比較すると，センサヘッドの構成に関して原理的に大きな差がある。それは，MI 効果ではヘッドの中の反磁界が非常に小さいことである。

MI 効果では，通電電流による励振磁界は円周方向 (閉磁路) なので，磁極が発生せず反磁界がない。したがって，励振電力は小さくても効率のよい励磁ができる。

また，ヘッドの長さ方向に $\boldsymbol{H}$ を印加すると，円周方向に向いていた磁化ベクトル $\boldsymbol{M}$ がヘッド長さ方向に角度 ψ だけ回転するが，$\boldsymbol{M}$ 方向の反磁界はヘッド長さ方向の反磁界の $\sin\psi$ 倍であり，微小な $\boldsymbol{H}$(ψ も微小)に対しては非常に小さい。

また，表皮効果により，円柱形状 (半径 a，長さ l) ヘッドでは，表皮深さ δ により電流通路の等価半径は $\sqrt{\delta(2a-\delta)}$ となって，表皮効果が著しくなるほど a に比べて十分小さな値となり，反磁界係数〔(半径/長さ)^2 に比例〕も非常に小さくなる。

一方，FG センサでは，ヘッドに励振コイルおよび検出コイルを巻いて使用するので，励振時および $\boldsymbol{H}$ 印加時に，いずれの場合もヘッド長さ方向に磁化ベクトルが向いているので反磁界が大きく，ヘッドを短くするほど磁界検出感度が激減する。これらの特徴によって，MI 効果により，マイクロ寸法のヘッドをもつ高感度センサが実現される。

3.3.2 零磁歪アモルファスワイヤの MI 効果

図 3.4 は，零磁歪アモルファスワイヤ(FeCoSiB，30 μm 径，5 mm 長，2 kg/mm^2 の張力下 475°C，1 分間加熱冷却)の両端にはんだづけ電極を設置し，5 mA の振幅の電流を印加した場合の MI 効果の測定結果である。

図(a)は周波数特性であり，ワイヤ長さ方向に印加する外部直流磁界 $\boldsymbol{H}_{ex}=10$ Oe の印加前後におけるワイヤ両端間の電圧振幅 E_w を，周波数 f に対して測定したものである。$\boldsymbol{H}_{ex}=0$ では，$f \geqq 100$ kHz で f とともに E_w が増加するので，表皮効果が生じていることがわかる。$f=100$ kHz で $\delta=a$ (=15 μm)とおくと，$\bar{\mu}=1.46\times10^4$ となる。

この表皮効果によって MI 効果が生じ，$\boldsymbol{H}_{ex}=10$ Oe を印加すると，E_w は 100 kHz$<f<$50 MHz では減少し，50 MHz 以上では増加する。$\boldsymbol{H}_{ex}$ に対する E_w の変化率 $\{E_w-E_w(0)\}/E_w(0)$ は $f=1$ MHz では−60%，単位磁界あたりの変化率は−10%/Oe という非常に大きな値（GMR の数十倍）を示す。

図(b),(c)は，それぞれ $f=1$ MHz および 10 MHz における E_w-$\boldsymbol{H}_{ex}$ 特性である。交流電流励磁では，表皮効果を示す範囲内での比較的低周波（1 MHz）では，μ はワイヤ円周方向の磁壁振動によって決定されるので，E_w は $\boldsymbol{H}_{ex}$ とともに単調に減少する。

一方，高周波(10 MHz 以上)では，ワイヤ円周方向の磁壁移動は強い渦電流制動のため抑制され，$\boldsymbol{H}_{ex}=0$ では μ は逆に小さく，$\boldsymbol{H}_{ex}$ を印加すると，ワイヤ円周方向を向いていた磁化ベクトルはワイヤ長さ方向に傾斜して振動するので，μ が $\boldsymbol{H}_{ex}=H_k$（異方性磁界）までは増加する。

ワイヤ交流電流に直流バイアス電流を重畳させると，比較的低周波においても磁化回転で μ が決定されるため，E_w は $\boldsymbol{H}_{ex}$ とともに増加していき，$\boldsymbol{H}_{ex}>H_k$ では $\boldsymbol{H}_{ex}$ とともに減少する。

図(c)で直流バイアス電流を交流振幅の 1/2 とした場合は，単位磁界あたりの E_w 変化率は 200%/Oe に達する。

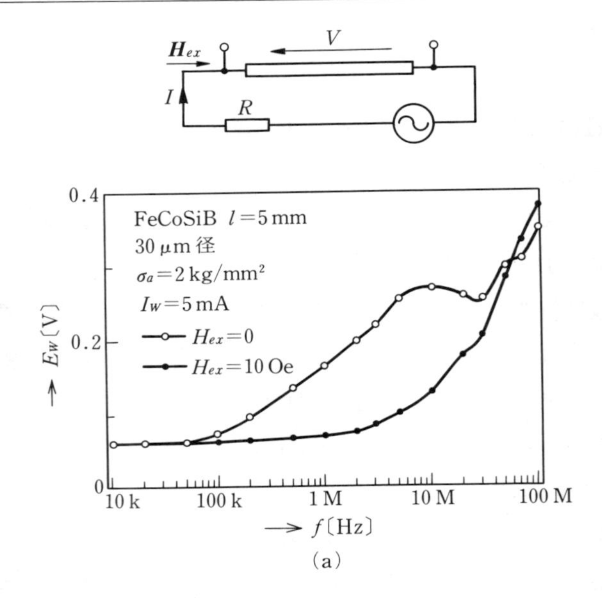

(a)

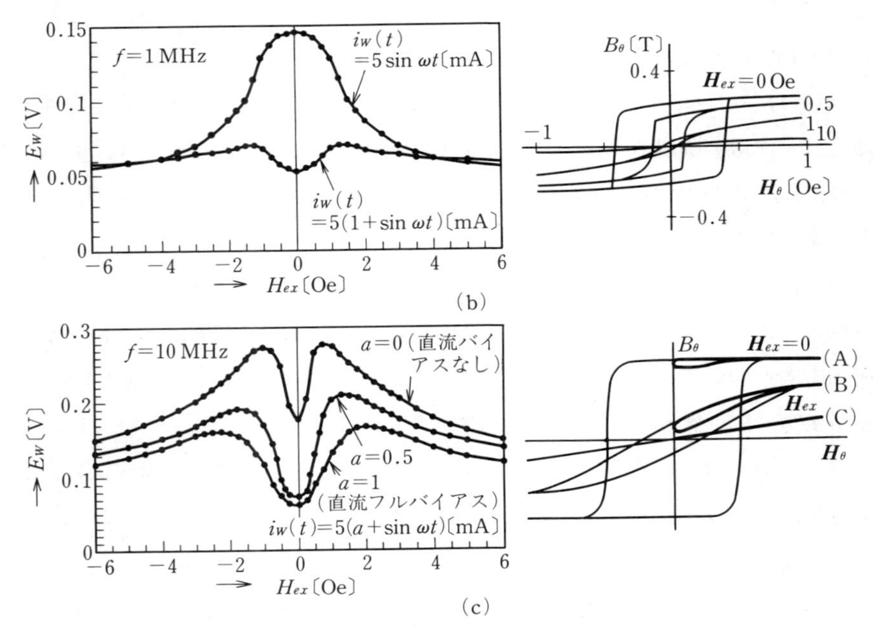

(c)

図 3.4　零磁歪アモルファスワイヤの MI 効果

3.3.3 磁性薄膜素子の MI 効果

図 3.5 は，スパッタ薄膜素子の MI 効果である。図(a)は，FeCoB 零磁歪ア

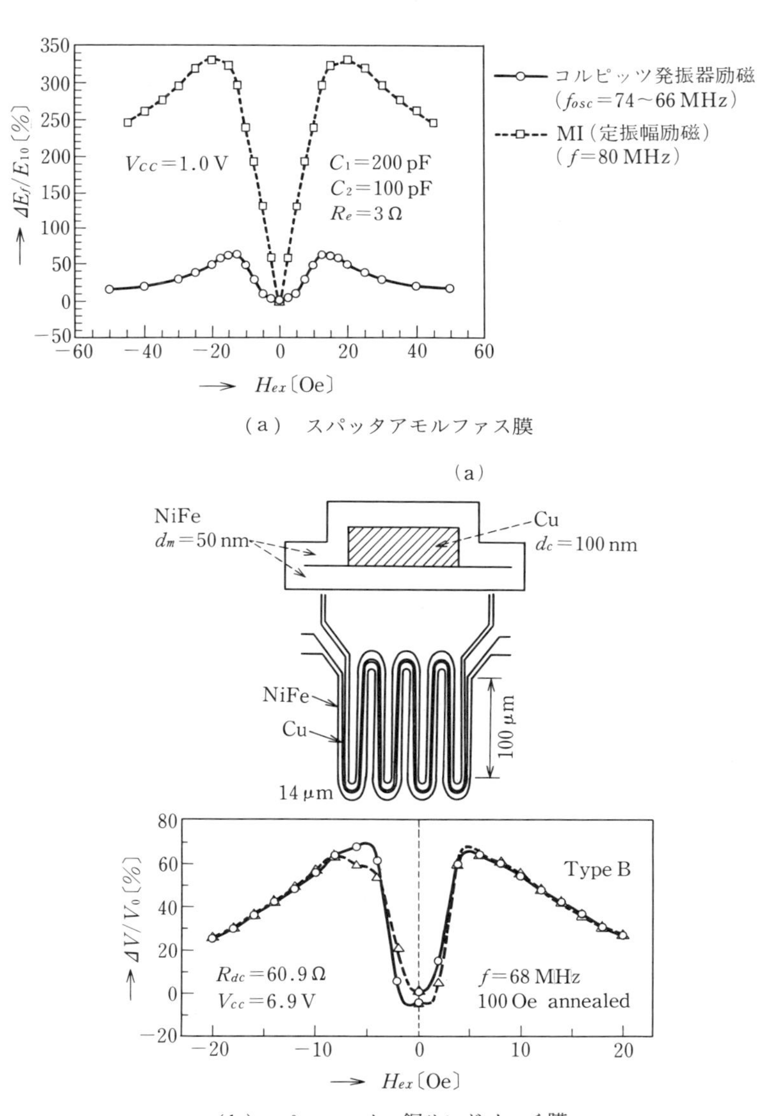

(a) スパッタアモルファス膜

(b) パーマロイ・銅サンドイッチ膜

図 3.5 磁性薄膜素子の MI 効果

モルファススパッタ膜 4 μm 厚，幅 300 μm，長さ 10 mm の試料の MI 効果であり，図(b)は，100 nm 厚の Cu 膜を 50 nm 厚の 80 Ni-20 Fe パーマロイ膜でサンドイッチにした膜を幅 10 μm，長さ 100 μm のジグザグパターンに，マスクエッチングで形成した縦横 100 μm の積層素子の MI 効果である。

いずれも，コルピッツ発振回路に組み込むことにより，素子電圧の磁界 $\boldsymbol{H}_{ex}$ に対する変化率が数倍向上する。これは $\boldsymbol{H}_{ex}$ によって，インピーダンスと素子電流が同時に相乗的に変化するためである。

3.3.4　アモルファスワイヤの非対称 MI 効果

図 3.6 は，アモルファスワイヤにひねり応力を印加して両端を固定し，直流でバイアスした交流を通電して得られる非対称 MI 効果である。図(a)は図 3.4 で用いた FeCoSiB ワイヤ，図(b)は負磁歪の CoSiB ワイヤの特性である。

ひねり応力 σ_t によって磁壁移動限界磁界 H_0（$\propto\sqrt{A\lambda\sigma_t}$；$A$：交換定数，$\lambda$：磁歪）が増加するので，比較的低周波（1 MHz）電流においても磁壁振動が困難となり，$\boldsymbol{H}_{ex}=0$ における μ は小さい。σ_t を印加する前は，磁化容易方向はワイヤ円周方向であり，σ_t を印加しても，ワイヤ表面層では磁化容易方向はワイヤ軸に対して 45° 方向であるが，内部の σ_t は小さいので，ワイヤ全体の平均的磁化容易方向はワイヤ軸に対して 45° と 90° の間である。σ_t による容易磁化方向はスパイラル方向である。

いま，バイアス直流電流によるワイヤ円周磁界 $\boldsymbol{H}_{dc}$ により，平均磁化ベクトル $\boldsymbol{M}_a$ は $\boldsymbol{H}_{dc}$ 方向近傍に位置するので，ワイヤ交流による円周方向交流磁界 $\boldsymbol{H}_{ac}$ による円周方向磁束変化は小さい。そこで，$\boldsymbol{M}_a$ がワイヤ長さ方向に 45° に近づくように $\boldsymbol{H}_{ex}$ を印加すれば，円周方向の交流磁束変化は増加し，ワイヤ電圧が $\boldsymbol{H}_{ex}$ とともに，$H_{ex}=H_k$ に至るまで増加する。

一方，$\boldsymbol{H}_{ex}$ を逆方向（$\boldsymbol{M}_a$ とのなす角が 90° 以上の方向）に印加すると，$\boldsymbol{M}_a$ の回転の前に反転磁区が発生しようとするが，保磁力のため生じ難いので，ワイヤ電圧の大きさは低い値のまま一定となる。このようにして，非対称 MI 効果が発生する。

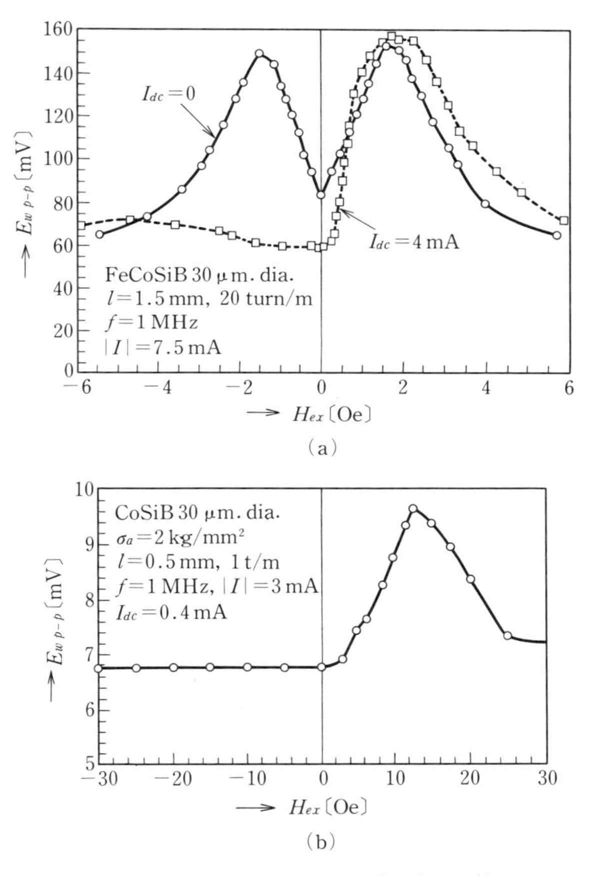

図 3.6 アモルファスワイヤの非対称 MI 効果

非対称 MI 効果をもつ素子として，右回りおよび左回りの σ_t を与えた素子一対を用意して，同一方向に直列または並列に設置し，2 個の素子の電圧の差を検出すれば，素子長さ方向に印加される外部磁界 $\boldsymbol{H}_{ex}$ に比例する。

この方法により，バイアス磁界を印加することなく線形磁界センサを構成することができる。センサ用非対称 MI 素子としては，アニールにより，ひねり残留応力をもつワイヤまたは，ワイヤ通電電流 (DC＋AC) を，ワイヤ周回コイルに直列に印加するスパイラル励磁ワイヤが用いられる。

3.3.5 アモルファスワイヤの双安定 MI 効果

図 3.7 は，双安定 MI 効果である。アモルファスワイヤ(電極間長さ 0.5 mm)にひねり応力を与えて固定し，FeCoSiB ワイヤには約 8 ns 幅，CoSiB 負磁歪ワイヤには 20〜30 ns 幅のパルス電流（繰返し周波数 f）を印加すると，電極間パルス電圧 V_p の高さが，外部印加磁界 $\boldsymbol{H}_{ex}$ の臨界値で跳躍的にほぼ 2 倍の変化を示し，$\boldsymbol{H}_{ex}$ を零にしても 2 値のメモリ現象を示す双安定特性を示す。

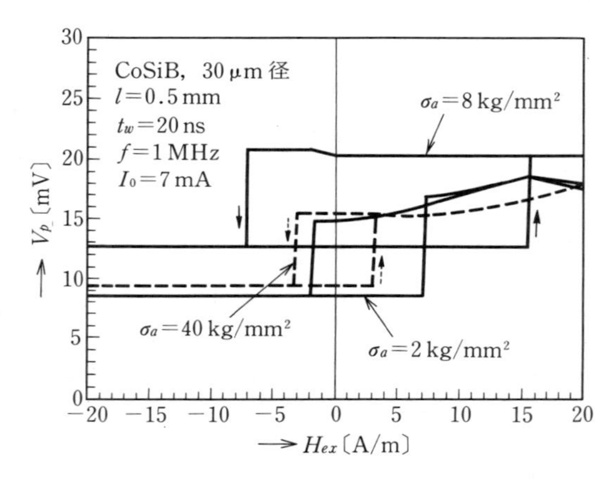

図 3.7　アモルファスワイヤの双安定 MI 効果

ワイヤ通電のパルス電流のパルス幅を増大させたり，パルス繰返し周波数を増大（パルス間隔を減少）させると，励磁電流の直流成分が増大するので，V_p-$\boldsymbol{H}_{ex}$ 双安定特性は $\boldsymbol{H}_{ex}$ 軸方向に偏ることになる。これは，マイクロ近接センサ(磁気近接スイッチ)を構成する場合に都合のよい特性である。σ_a は，ワイヤアニール時に印加する張力である。

双安定 MI 効果の発生機構は，以下のように考えられる。アモルファスワイヤにひねり応力を印加すると，ワイヤ表面層には強いせん断応力 σ_t が発生し，そこでは磁壁エネルギー密度 $\gamma(\propto\sqrt{A(3/2)\lambda\sigma_t}$；$A$：スピン交換定数) が大きく，磁壁がない状態（単磁区状態）が磁気エネルギー最小の安定状態になる。磁気異方性は σ_t によって，ワイヤ軸に関して 45° 方向に誘導されている。

したがって，ワイヤ長さ方向の外部磁界 $\boldsymbol{H}_{ex}$ の磁気異方性方向成分 $H_{ex}/\sqrt{2}$ の反転によって生じる異方性方向の磁束反転は，ワイヤ表面層では，3.4 項で述べる大バルクハウゼン効果による跳躍的な双安定動作になる。

鋭いパルス電流により著しい表皮効果が発生し，ワイヤの表面層のみが磁化されるので双安定磁束反転が生じ，その残留磁化レベルにおいて，パルス電流 I_p によるワイヤ円周磁界の異方性方向成分 $I_p/2\sqrt{2}\,\pi a$ による可逆回転磁化により，二つの安定レベルで異なる V_p が得られることになる。

パルス電流の立上り時間を t_r〔s〕とすると，$f \fallingdotseq 1/2t_r$〔Hz〕の交流の通電と等価であり，t_r＝10 ns のときは $f \fallingdotseq$ 50 MHz の交流による表皮効果が生じると考えてよい。

3.4 大バルクハウゼン効果

制御用磁心に用いられる角形 BH ヒステリシス特性〔図 2.13(b)〕をもつ高透磁率磁性体の磁化は，一般に印加磁界と平行な 180° 磁壁の移動によって行われるが，磁歪 λ をもつ高透磁率磁性体に強い応力 σ を印加するか，または強い応力を残留（残留応力 σ_r）させると，磁化は，印加磁界に垂直な 180° 磁壁が，磁界の方向に走行（伝搬）することによって行われる。

この場合，磁壁のエネルギー密度 γ_w は $\sqrt{AK}$〔A：交換定数，K：磁気異方性定数で $K \fallingdotseq (3/2)\,\lambda\sigma$〕に比例して高い値となっているので，試料は，静磁エネルギーが低い場合は，磁壁のない単磁区状態が磁気エネルギーが低く安定である。すなわち，正または負の飽和磁化状態が安定である双安定磁化となる。

磁化反転は，反転磁区形成限界磁界 $H^*(\propto \gamma_w)$ で発生した磁壁が，磁壁移動限界磁界 H_0 に対して $H^* > H_0$ の状態で行われ，BH ヒステリシスループは，図 2.13(c)のリエントラントループになる。試料長さ方向に伝搬する磁壁の速度 V_w は次式で表される。

$$V_w = \frac{2M_s}{\beta}\,(H^* - H_0) \tag{3.4}$$

M_s は飽和磁化，β は磁壁制動係数で，渦電流制動係数 β_e とスピン緩和定数

β_r の和である。

磁性細線（ワイヤ）を磁壁が伝搬していく場合は，**図 3.8** の磁区モデルのように，磁壁面の静磁エネルギーと磁壁エネルギーの和を最小にする形状（円錐（すい）と回転楕（だ）円体を合わせたような形状；磁壁長さ $l \gg$ 磁区半径 d）の磁壁が伝搬すると考えられ，磁壁の磁壁面垂直方向の移動速度は小さいので $\beta_e \ll \beta_r$ と考えられる。

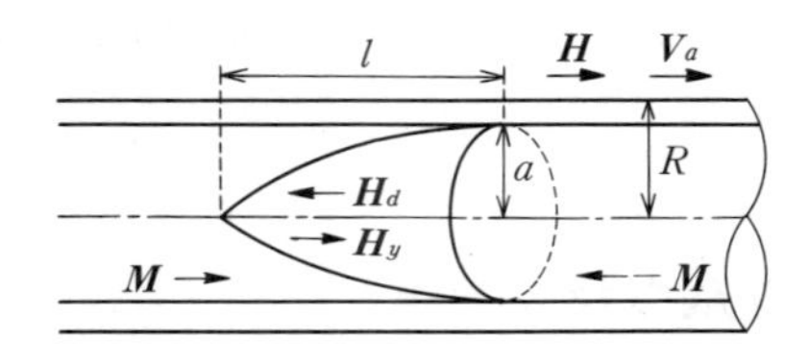

図 3.8　アモルファス磁歪ワイヤの磁壁伝搬モデル

試料端で反転磁区を形成された後，H_0 より大きく H^* より小さい磁界 $\boldsymbol{H}$ を試料長さ方向に印加すると，1枚の磁壁のみが伝搬していき，その速度は

$$V_w = \frac{2M_s}{\beta}(H - H_0) \tag{3.5}$$

で表される。試料の2箇所に幅の狭い検出コイルを設置すると，コイルを磁壁が通過するときの磁束の時間変化でパルス状の電圧が検出されるので，2箇所のコイルのパルス電圧の時間差 τ とコイル間距離 l_c から，磁壁伝搬速度 $V_w = l_c/\tau$ が計測される。

この**大バルクハウゼン効果**（large Barkhansen effect，**磁壁伝搬効果，双安定磁化**ともいう）[11] を発見し，詳細に実験と解析を行ったのが，米国 GE 社の Sixtus と Tonks であり，パーマロイ線を使った磁壁伝搬に関する一連の論文を発表している（1932～1935）。

パーマロイ線では，張力を印加すると H^* は急激に増加し，H_0 はわずかに減少した後一定値になる。$V_w - H$ 特性は，パーマロイ線では一般に非線形であるが，アモルファスワイヤでは著しい直線性を示す（**図 3.9**）。これはパーマロイ線が多結晶体であり，結晶粒界において磁壁移動がピン止めによる制動を受け

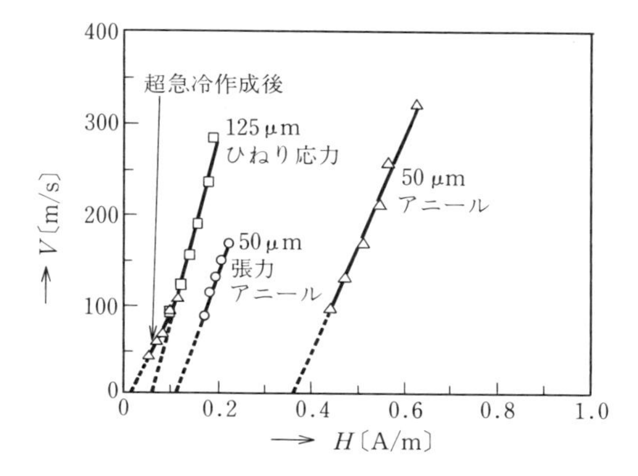

図 3.9　Fe SiB アモルファスワイヤの磁壁伝搬特性

るためと考えられ，アモルファスワイヤでは結晶粒界がない一様材料であるためである。

磁壁伝搬の駆動磁界は，一般に磁歪ワイヤを挿入したソレノイドコイルの通電電流 I による磁界 $H=nI$〔A/m〕(n はコイル単位長さあたりの巻回数) で与えられるが，アモルファス磁歪ワイヤのような強じん弾性ワイヤでは，ワイヤにひねり応力を印加してスパイラル磁気異方性を誘導させ，ワイヤ電流によるワイヤ円周磁界のスパイラル方向成分によって駆動させることができる。この場合，駆動コイルが不要になるため，距離センサを構成する場合，非常に小形で軽量なセンサとなる。

大バルクハウゼン効果の応用は，距離センサのほか，アモルファス磁歪ワイヤによるセキュリティセンサに広く実用化されている。アモルファス磁歪リボンも強い張力を残留させ，$H^*>H_0$ の特性をもたせることで，大バルクハウゼン効果を生じさせることが可能である。

3.5　磁　歪　効　果

磁性体の**磁歪効果**（magnetostrictive effect，**磁歪波伝搬効果**ともいう）は，磁歪波（超音波）の発生や超磁歪材による微小変位の発生などに利用されている。パーマロイやアモルファスなどの高透磁率磁歪材の飽和磁歪は，ひずみ率で 10^{-5} 程度であり，超磁歪材においても 10^{-3} 程度の小さな値であるが，高透磁率磁性体では電気機械結合効率が高いので，微小な応力を検出するセンサへの応用に適している。

磁歪効果は，磁化ベクトルの回転または 90° 磁壁の移動によって生じる。いま磁化回転のみを考えると，アモルファスのように等方磁歪 λ が仮定できる材料に磁界の変化 $\varDelta\boldsymbol{H}$ を与え，磁化 $\boldsymbol{M}$ の回転による試料の $\boldsymbol{H}$ 方向のひずみの変化 $\varDelta(\delta l/l)$ は，$\delta l/l=(3/2)\lambda(\cos^2\theta-1/3)$ および式(2.88)により，次式で与えられる。

$$\varDelta\frac{\delta l}{l}=\frac{3\lambda M_s}{2K_u}\sin^2\theta_0\cos\theta_0\,\varDelta H \tag{3.6}$$

ここに，M_s は飽和磁化，K_u は一軸異方性定数，θ_0 は $\boldsymbol{H}$ と K_u 方向のなす角である。

アモルファス磁性体では，残留応力を σ_r とすると，$K_u=(3/2)\lambda\sigma_r$ と表すことができるので，式（3.6）は

$$\varDelta\frac{\delta l}{l}=\frac{M_s}{\sigma_r}\sin^2\theta_0\cos\theta_0\,\varDelta H \qquad (3.6)'$$

と書ける。

式（3.6），(3.6)′ は，パルス磁界 $\varDelta\boldsymbol{H}$ によって弾性波（磁歪波）$\varDelta(\delta l/l)$ を発生させる基礎式であり，θ_0 に関しては約 54.7° で最大である。また，アモルファスではアニールによって σ_r を急激に減少させるので，磁気弾性波の発生効率は大きな値となる。

一方，磁気弾性波の伝搬では，アニールされた柔らかい材料では減衰しやすいので，アニールはパルス磁界を印加する領域のみで行う必要がある。この局所アニールは，熱伝導率の高い銅などで覆った試料のパルス磁界を与える場所のみを，銅を除去して熱風で局所加熱して行うことができる。

3.6 磁歪の逆効果

磁歪材に応力を印加するとひずみが生じ，新たな磁歪エネルギーの導入により磁気特性が変化する。これは，磁歪材に磁界を印加してひずみを生じさせる磁歪効果に対して逆の現象なので，**磁歪の逆効果**（inverse magnetostrictive effect，**応力－磁気効果**ともいう）とよばれている。磁歪形応力センサ（トルクセンサ，張力センサ，圧力センサ，重量センサ，ショックセンサ，ノックセンサなど）の構成に利用される。

応力の変化 $\Delta\sigma$ に対する磁化の変化 ΔM の関係は，以下のようにして定められる。磁化回転の場合は，磁化を応力によっても磁界によっても動かすことができる。

いま，内部エネルギー E を磁化 M およびひずみ $\delta l/l$ の関数として考えると，$\partial E/\partial M=H$，$\partial E/\partial(\delta l/l)=\sigma$ であるから $\partial H/\partial(\delta l/l)=\partial\sigma/\partial M$ となり，式(3.6)より，σ_r を σ と考えると

$$\Delta M=\frac{3\lambda M_s}{2K_u}\sin^2\theta_0\cos\theta_0\Delta\sigma \tag{3.7}$$

となる。

磁歪波の検出においても，$\theta_0 \fallingdotseq 54.7°$ で磁化変化が最大となる。式（3.6），(3.7）より，磁歪効果と磁歪の逆効果は変換効率は同一であることがわかる。

3.7 磁歪波の発生，伝搬，検出

磁歪材にパルス磁界 $\Delta \boldsymbol{H}$ を印加して，式(3.6)によりひずみの変化 $\Delta(\delta l/l)$ を発生させると，磁歪波（超音波）が発生して磁性体表面を伝搬していく。

検出端では，$\Delta(\delta l/l)$ はヤング率 E との積によって応力変化 $\Delta\sigma$ に変換され，式（3.7）より磁化変化 $\Delta \boldsymbol{M}$ に変換されて，パルス電圧として検出される。

パルス電圧を磁化の時間変化 dM/dt の形式で表すと，次式となる。

$$\frac{dM}{dt}=\alpha E\left(\frac{3\lambda M_s}{2K_u}\right)^2\sin^4\theta_0\cos^2\theta_0\frac{dH}{dt} \tag{3.8}$$

パルス磁界のパルス電圧への変換効率は，θ_0 に関しては約 54.7° である。ここに，α は単位長さあたりの減衰係数（$0<\alpha<1$）であり，as-cast アモルファス磁歪体では 1 に近い値である。結晶質磁性体では，結晶粒界で減衰が起きる。

式(3.8)は，磁歪波の発生，伝搬，検出のすべての特性を表す基本式である。アモルファス磁性体では，$K_u \fallingdotseq (3/2)\lambda\sigma_r$ であり，式（3.8）は次式となる。

$$\frac{dM}{dt}=\alpha E\left(\frac{M_s}{\sigma_r}\right)^2\sin^4\theta_0\cos^2\theta_0\frac{dH}{dt} \tag{3.9}$$

3.8 $\varDelta E$ 効 果

材料のひずみ $\delta l/l$ と応力 σ の関係は，**ヤング率**（Young's modulus，**縦弾性係数**ともいう）E によって $E=\sigma/(\delta l/l)$ で表され，E は非磁性体では定数であるが，磁性体では磁化によって変化する量である。すなわち，応力を印加した結果磁化過程が生じ，磁歪が弾性ひずみに重畳するためである。

この磁化過程により，ヤング率 E が，非磁性体のヤング率 E_0 から変化分 $\varDelta E$ だけ減少するので（$E=E_0-\varDelta E$），**$\varDelta E$ 効果**（**デルタ・イー効果**ともいう）とよばれている。

$\varDelta E$ 効果が磁化回転で起きると考えると，$M=M_s\cos\theta$，$\varDelta M=-M_s\sin\theta_0\,\varDelta\theta$ であり，アモルファス磁性体では，$\delta l/l=(3/2)\lambda(\cos^2\theta-1/3)$ および式（3.7）より

$$\varDelta\frac{\delta l}{l}=-3\lambda\sin\theta_0\cos\theta_0\varDelta\theta=\frac{3\lambda}{M_s}\cos\theta_0\varDelta M$$
$$=\frac{9\lambda^2}{2K_u}\sin^2\theta_0\cos^2\theta_0\varDelta\sigma \tag{3.9}$$

これが，強磁性体による余分の伸びを生じるのであるから，強磁性体のヤング率を E_m，非磁性体のそれを E_0 とすると

$$\frac{9\lambda^2}{2K_u}\sin^2\theta_0\cos^2\theta_0=\frac{1}{E_m}-\frac{1}{E_0}\fallingdotseq-\varDelta\frac{E}{{E_0}^2}$$

より，次式が導かれる。

$$\varDelta\frac{E}{E_0}=-\left(\frac{9\lambda^2}{2K_u}\right)\sin^2\theta_0\cos^2\theta_0 \tag{3.10}$$

$K_u\fallingdotseq(3/2)\lambda\sigma_r$ の場合は

$$\varDelta\frac{E}{E_0}=-\left(\frac{3\lambda}{\sigma_r}\right)\sin^2\theta_0\cos^2\theta_0 \tag{3.11}$$

$\varDelta E$ 効果は，磁化過程で生じるので，磁性体に磁歪を発生させる磁界を印加することによって制御できる。式(3.11)より，$\varDelta E$ 効果は，高磁歪材を用い，材料の幅方向に磁界を印加してアニール(磁界中アニール)することによって，大きく発生させることができる。

磁歪波伝搬では，伝搬速度 V は磁性体の密度を ξ とすると

$$V=\frac{V_0}{\sqrt{(1-\varDelta E/E_0)}} \tag{3.12}$$

ここに，$V_0=\sqrt{\xi/E_0}$ は非磁性体の弾性波速度である。式 (3.12) より，磁歪波の伝搬速度は，磁界によって変化させることができる。アモルファス磁歪ワイヤでは，速度変化は40%程度は容易である。$\varDelta E$ 効果で磁界を検出することもできる。

3.9 マテウチ効果

マテウチ効果 (Matteucci effect) は，細長い磁歪試料に，ひねり応力を印加した状態で，長さ方向に交流磁界を印加すると，試料両端間に交流電圧を誘起する現象である。1847 年に，長さ 2 m，直径 5 mm の鉄線を用いて発見された。検出コイルを用いないで電圧を検出するところに現代的意味がある。

この現象は，磁歪の逆効果によって試料ワイヤの表面層に誘導されたスパイラル磁気異方性に対して，ワイヤ長さ方向に印加された交流磁界のスパイラル方向成分による磁化変化のワイヤ円周成分によって，試料両端間に交流電圧が

発生する (rot $\boldsymbol{E}=-\partial\boldsymbol{B}/\partial t$) ことで説明される。

このマテウチ効果の本質は，磁性ワイヤの円周方向の磁束変化により，ワイヤ両端間に電圧を誘起させるものである。この観点から，例えばワイヤの外部から垂直方向に交流磁界を印加すると，ワイヤ円周方向に倍周の磁束変化が生じ，ワイヤ両端間に倍周波電圧が発生する。この倍周波電圧の振幅は，垂直磁界の印加位置によらず一定である。

この特性を利用したコンピュータ画像入力タブレットが，アモルファスワイヤのマトリックス配置により試作されている。

3.10 熱 - 磁 気 効 果

熱 - 磁気効果 (thermo-magnetic effect) は，つぎのようなものである。

すなわち磁性体を加熱すると，キュリー温度の存在により温度とともに磁気特性が変化する。低温から加熱していくと，飽和磁化は熱擾乱により，スピン間の結合力が弱まって減少していく。保磁力も同時に減少していき，キュリー温度直前で急速に減少する。このため，初透磁率はキュリー温度直前でピーク状の高い値を示す。

フェライトのこの特性を利用した温度センサは**サーマルフェライト** (thermal ferrite) とよばれ，フェライト磁石と組み合わされて，電子ジャーなどの温度センサスイッチなどに使用されている。

また近年，光磁気記録が広く実用されるようになったが，記録の書込みは，レーザ光スポット照射による記録媒体薄膜 (TeFeCo など) の熱 - 磁気効果を利用しており，保磁力の急減により，微小垂直磁界で磁化反転を行い，書込みを行っている。

3.11 光磁気効果

いままで記述してきたほかに，光と磁性体との相互作用による**光磁気効果**(photo-magnetic effect) がある。

光と磁性体との相互作用は，ファラデー効果やカー効果で古くから知られており，光のエネルギーにより磁化ベクトルが1〜2° 傾斜する現象である。これらは，偏光板を組み合わせて磁区観察法に常用されている。近年では，バブルメモリや光磁気記録の読出し法に用いられている。

また，スピングラスでは，光照射により磁化ベクトルが垂直に回転する現象があり，光モータが提案されている。光センサは，半導体CCD(semiconductor charge coupled device) などの高感度・高速応答の素子が広く使用されているため，磁気素子は出遅れているが，宇宙空間や原子炉内部などでは，耐放射線で磁気素子が信頼性が高い。

演習問題

(1) 磁性体のセンシング機能である磁気効果の種類を挙げ，それぞれの特徴を述べよ。

(2) 磁気抵抗効果の動作を説明せよ。

(3) 磁気-インピーダンス効果の原理と特徴を述べよ。

磁界センサおよび電流センサ

磁界センサ（magnetic-field sensor）は狭義の磁気センサであり，広義の磁気センサの中の最も基本的なセンサである。**電流センサ**（current sensor）は，電流に正比例する磁界（導線の円周磁界）を検出する非接触方式のセンサなので，導線の円周囲にセンサヘッドを配置することを除けば，動作やセンサ回路は磁界センサと同じである。

磁界センサは従来，地磁気（0.3～0.5 Oe，24～40 A/m）や岩石残留磁気などの科学計測，また石油鉱脈探査などに利用されるフラックスゲート磁力計，さらには集磁磁心とホール素子を組み合わせた電流センサなど大変地味な存在であって，エレクトロニクスやコンピュータ，情報機器などとはほとんど無縁のものであった。

ところが1980年代の後半に入って，磁気-抵抗素子（MR素子）を，コンピュータの外部メモリであるハード磁気ディスクやフロッピーディスクの読出しヘッドに応用することが検討され始めたことで，磁気センサは，一挙に情報技術の表舞台に進出してきた。

MR素子は，3.1.3項で述べたように，磁気-抵抗効果（MR効果）によって磁界を検出する素子である。高密度記録ハードディスクの磁気ヘッドは，ミクロン幅以下程度のマイクロ寸法となること，ロータリエンコーダの高密度化や非破壊磁気探傷の高精度化なども急速に進んでいることなどのため，現在，高性能のマイクロ磁気センサを開発することが，1990年代の磁気センサ分野の新しい大きな技術課題となっている。

このマイクロ磁気センサは，微小領域の微弱信号磁界を検出するために，へッドがマイクロ寸法であるとともに，磁界検出の分解能が 10^{-6} Oe，応答速度が数 MHz という高感度性と高速応答性が同時に要求されている。

ここでは，磁界センサに関して，伝統的な高感度センサであるフラックスゲートセンサ（FG センサ），低感度であるがマイクロ寸法のセンサ素子であるホール素子および MR 素子，MR 素子の高感度化を目指す巨大磁気-抵抗効果素子（GMR 素子），および後述のフラックスゲートセンサのマイクロ化と高速度化を実現したと考えられ，GMR 素子より高感度の磁気ヘッドの開発候補と期待されている磁気-インピーダンス効果センサ（MI センサ）について，その動作原理，回路構成法，応用センシング例などを述べる。

4.1 検出対象磁界の大きさと周波数および磁気センサ

図 4.1 は，最近の検出対象磁界の大きさと周波数，および磁界センサの検出域を表したものである。

1990 年代の新しい磁気センシングの要求（ターゲット）は，図中の囲み枠内の黒丸印群のように，磁界の大きさとして 10^{-6}〜10 Oe（0.1 nT〜1 mT，80 μA/m〜800 A/m），周波数として最高 10 MHz 程度の範囲が特徴となっている。

具体的には，コンピュータディスクヘッド，ディスク駆動およびロボット制

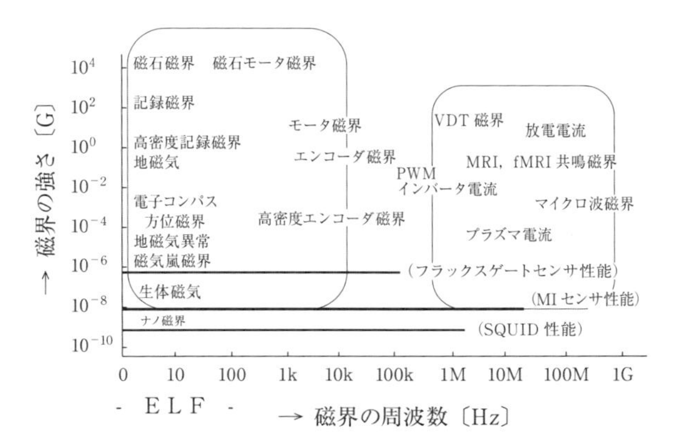

図 4.1 磁界の強さと周波数と磁界センサ

御ロータリエンコーダ用高密度多極着磁リングヘッド，製鉄圧延薄板鋼板の非破壊探傷(ピンホール検出)，インバータ制御電流，電力系統サージ電流，交通・環境磁気，地震予知磁気などであり，いずれもμOe の分解能の高感度性と，MHz 帯までの高速応答性を兼備した新しいマイクロ磁界センサが必要になっている。

これに対して，ホール素子，MR 素子，GMR 素子および MI 素子などのマイクロ磁気センサの基本性能は，**表 4.1** のようにまとめられる。

表 4.1　マイクロ磁気センサ素子の基本性能比較

マイクロ磁気センサ	ホール素子	MR 素子	GMR 素子	MI 素子
材　料	半導体 InSb，GaAs	磁性薄膜 NiFe FeCo	磁性/導体 多層膜	アモルファスワイヤ，リボン，スパッタ膜
パラメータ変化率		0.1%/Oe	1%/Oe	10～120%/Oe（ワイヤ） 2～8%/Oe（スパッタ膜）
検出磁界最小可能	0.5 Oe	0.5 Oe	0.01 Oe	10^{-6} Oe（ac） 10^{-5} Oe（dc）
応答速度	1 kHz （マグネトメータ）	MHz	MHz	MHz

ホール素子および MR 素子は，分解能が約 0.5 Oe，応答周波数は約 1 MHz であり，比較的大きな磁界の検出に適している。GMR は，磁気-抵抗効果が約 1%/Oe(IBM 社のスピンバルブ)で，MR 素子の約 10 倍の感度があり，これをヘッドに適用すれば，2000 年頃には約 10 Gb/inch^2 の高密度ディスクが可能である，との評価がなされている。MI 素子は高周波通電を利用し，インピーダンスの磁界による変化率はアモルファスワイヤで 100%/Oe，薄膜で 25%/Oe の高い値を示し，分解能は 10^{-6}Oe，応答速度は数 MHz なので，GMR 以後のヘッドとして期待されている。

4.2 フラックスゲートセンサ

フラックスゲートセンサ(fluxgate sensor，略して **FG センサ**ともいう)[12] は 1936 年に Aschenbrenner と Gaubau によって発明され，地磁気検出に使用されたもので，**フラックスゲート磁界センサ** (fluxgate magnetometer)[†] とも称する。

第二次世界大戦中には，航空機による磁気探査や潜水艦探知，地磁気利用の鉱物資源探査，磁性金属探知機などに広く使用された。後に宇宙計測技術に使用され，1958 年には，人工衛星スプートニク 3 号の姿勢制御用に，サーボ機構付きのものが搭載された。また，宇宙船アポロ 12 号によりリング磁心 3 軸形が月面に設置され，月磁気の検出が試みられた。結果は 10^{-6} 以上の磁界は検出されなかった。

現在は，地磁気利用の自動車用方位センサ（電子コンパス）や，人工衛星の姿勢制御用地磁気センサなどに使用されている。

4.2.1 センサヘッドの構成法

図 4.2 に，フラックスゲートセンサのセンサヘッドの基本構成を示す。

図(a)は，直線状の高透磁率磁心を平行に設置し，励振コイルに交流を通電

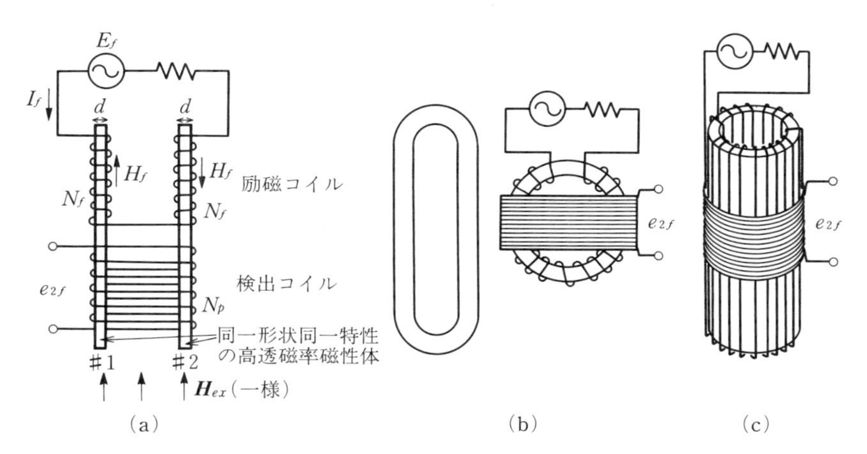

図 4.2 フラックスゲートセンサのセンサヘッドの基本構成

† fluxgate の日本語訳は見あたらないし，意味は不明である。flux は磁束，gate は電子回路では論理ゲートなど信号の流路を表すので，「磁束流路」のようなイメージを表していると思われる。一般に，その当時の新しいデバイスに，適切で印象的な呼称を付けることはよく行われるので，fluxgate もその一つのようである。2 本の磁性体内の磁束の交番的流れが，外部磁界によって変化（変調）することを利用する意味と解釈される。

して反平行に交流励磁する。検出外部磁界は2磁心に平行に印加される。検出コイルは2磁心の平行方向の磁束変化による誘起電圧の和を検出する。

図(b)は，動作原理は図(a)と同じであるが，2磁心間を同種の磁性体で連結して，2磁心間の熱バランスにより，磁界検出精度を向上させたものである。月面に設置されたセンサのヘッドは，図(b)の形状である。図(b)のタイプを円形にしたものもある。

各磁心部分1，2の励磁コイルに，交流電流 $I_{ac}=I_m \sin \omega t$ を通電して，交流磁界 $\boldsymbol{H}_{ac}=\boldsymbol{H}_m \sin \omega t$ で励磁し，外部磁界 $\boldsymbol{H}_{ex}$ を直流磁界（ω に比べて十分低い周波数の磁界）とすると，磁心1，2の磁界は，それぞれ $\boldsymbol{H}_{ac}+\boldsymbol{H}_{ex}$，$\boldsymbol{H}_{ac}-\boldsymbol{H}_{ex}$ である。磁心の磁化特性をヒステリシスを無視した非線形特性で考え，磁束 ϕ と磁界 $\boldsymbol{H}$ の関係を多項式で表現すると，磁心1,2の磁束 ϕ_1，ϕ_2 は次式で表される。

$$\phi_1=\sum_{k=1}^{n} a_{2k-1}\,(H_m \sin \omega t+H_{ex})^{2k-1} \tag{4.1}$$

$$\phi_2=\sum_{k=1}^{n} a_{2k-1}\,(H_m \sin \omega t-H_{ex})^{2k-1} \tag{4.2}$$

検出コイル（コイル巻数 N）では，$Nd\,(\phi_1-\phi_2)/dt$ の電圧 e が誘起される。このうち，第2調波の振幅 E_{2f} は $\boldsymbol{H}_{ex}$ に正比例し，次式で表される。

$$E_{2f}=2\omega a_3 N H_m{}^2 H_{ex} \tag{4.3}$$

係数 a_3 は，ϕH 特性の非線形性の強さおよび磁心の反磁界の影響を含んでおり，磁界検出感度は次式で表される。

$$\frac{E_{2f}}{H_{ex}}=\frac{\omega N H_m{}^2 S\,(d^2\mu/dH^2)}{1+N_{dem}\bar{\mu}} \tag{4.4}$$

ここに，S：磁心の断面積，$\bar{\mu}$：比透磁率，N_{dem}：磁心長さ方向の反磁界係数である。

なお，磁心のBHヒステリシスループを考慮する場合は，2.6節で述べたように，励磁コイルに並列に等価ヒステリシス抵抗が接続された回路を取り扱うことになる。

式(4.4)より，フラックスゲートセンサの磁界検出感度を向上させるためには右辺全体を大きくすればよいので，多くの手段があるように見える。しかし，それぞれのパラメータを増加させれば，別のマイナス要因が顕在化してくるので限界がある。

ω や H_m を増加させれば，磁心の渦電流損が増加して $d^2\mu/dH^2$ が減少してくる。また，N を増加させれば，コイル内の浮遊容量が増加してセンサ回路動作が不安定になり，ω を減少させねばならない。S を増加させれば，長いコイル導線が必要になり，コイルの浮遊容量が増加する。

したがって，ωN，H_m，S は，これらのトレードオフ（バランス）で経験的な適当な値とし，さらに長寸法のヘッドで N_{dem} を零に近づける方法がとられている。

現在市販されているフラックスゲートセンサ（英国）は，スーパマロイ細線磁心 18 mm 長および 28 mm 長を用いて，それぞれ分解能 10^{-4} Oe（±2 Oe フルスケール）および 10^{-6} Oe（±2 Oe フルスケール）を得ている。遮断周波数は，1 kHz（励磁周波数 30 kHz）である。

また，分解能を上げるためのポイントとして，磁心のバルクハウゼン雑音を下げることが重要である。**バルクハウゼン雑音**（Barkhausen noise）は，磁心内で磁壁移動によって磁束変化を生じさせる場合に，磁壁の局所的ピン止め・解放の過程で生じる磁束の微細な不規則変動（交流励磁ではゆらぎ雑音）である。

このバルクハウゼン雑音を減少させる方法は，磁壁移動領域（BH 特性の正と負の残留磁束密度 $\pm B_r$ 間の領域）を使用せず，磁化回転領域（飽和磁束速度 B_s と残留磁束密度 B_r の間の領域）を使用することである。磁化回転領域はヒステリシス損も小さいので，高周波励磁も容易であり，高速応答のセンサを構成することができる。

図（c）は，このような考え方から考案されたヘッド構成である。細長い円筒状の高透磁率磁心（パーマロイ箔（はく）を巻いたものやフェライト圧粉成形したもの）に，励磁コイルをトロイダル巻きにして円周方向に励磁し，検出コイルを胴体に設置して，H_{ex} により磁化回転した磁化ベクトルの振動による電圧を検出する。

このヘッド構成は，SN 比が高く磁心の数も 1 個でよいなどの特徴があるが，トロイダル巻線が面倒である。このトロイダル巻線でなく，円周方向の励磁を行う方式として，燐青銅線にパーマロイメッキを施したヘッドの燐青銅線に交流電流を通電する方式もある。

4.2.2　フラックスゲートセンサ電子回路

フラックスゲートセンサは図 4.2 に示した種々のセンサヘッド磁心を，コイル電流による交流磁界で励磁して動作させる。フラックスゲートセンサの電子回路は，伝統的には交流電源に接続して使用されるが，電子回路の発展に伴って，ヘッドを回路中のインダクタンス素子とした自己発振回路が種々考案され，実用化されている。

これらの回路は，直流電圧源で動作するので携帯可能であり，また直流電圧出力形なので，コンピュータによる信号処理が容易である。

図 4.3 に，バイポーラトランジスタを用いた各種の自己発振形フラックスゲートセンサの基本回路部の構成を示す。

（a）　負性抵抗形

図（a）は，オペアンプを利用した負性抵抗回路に，磁心入りの励磁コイル非線形インダクタンス L とコンデンサ C の並列共振回路を接続した正弦波発振回路である。発振周波数は $f \fallingdotseq 1/2\pi\sqrt{LC}$ である。$\boldsymbol{H}_{ex}$ によって L が変化し，共振回路電圧をダイオード D とピークホールド回路（R_o，C_o）で検波し，$\boldsymbol{H}_{ex}$ を検出する。

実際はこの電圧の変化分を増幅し，2.5 節で述べた強負帰還法によって磁界検出特性のヒステリシス除去，直線性の向上などを行い，地磁気検出や電流検出などに使用している。

（b）　コルピッツ発振形

図（b）は，1 個のトランジスタ（バイポーラまたは FET）と 3 個のインピーダンス素子を用いた発振回路である。1 個の磁心を用いる場合はコルピッツ発振回路であり，発振周波数は $f \fallingdotseq 1/2\pi\sqrt{LC_1C_2/(C_1+C_2)}$ である。$\boldsymbol{H}_{ex}$ によって L

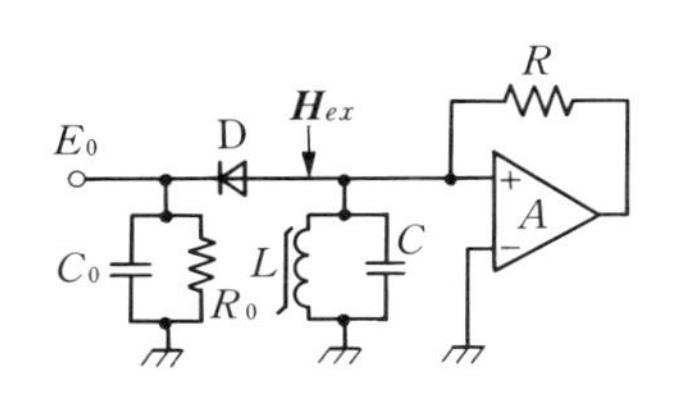

（a） オペアンプ負性抵抗回路方式

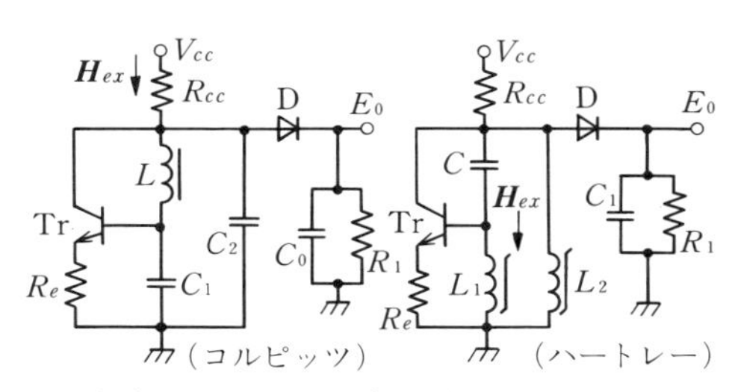

（b） コルピッツ発振回路，ハートレー発振回路方式

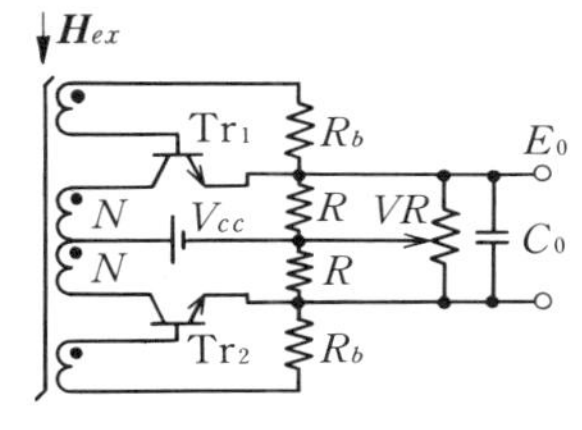

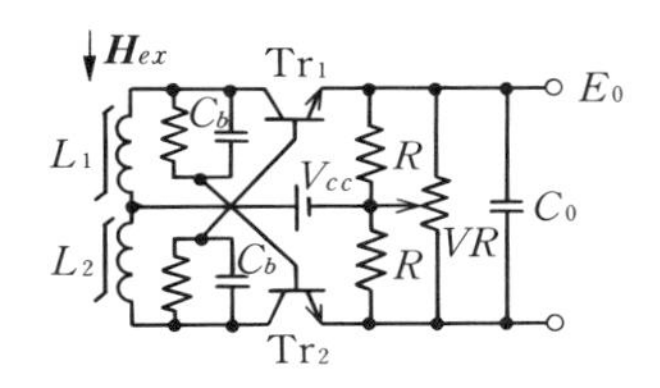

（c） 単磁心マルチバイブレータ方式　　（d） 2磁心マルチバイブレータ方式

図 4.3 フラックスゲートセンサ電子回路の発振回路部（振幅変調・検波方式）

が変化し，LC 共振回路の電圧が振幅変調され，検波回路出力が $\boldsymbol{H}_{ex}$ に比例することによって磁界センサとなる。

（c） ハートレー発振形

また，2 個の磁心と 1 個のコンデンサを用いればハートレー発振回路になり，磁界の差センサや磁界の和のセンサとなる。発振周波数は，$f \fallingdotseq 1/2\pi\sqrt{(L_1+L_2)C}$ である。図（b）のエミッタ抵抗 R_e は，トランジスタパラメータの温度変動を緩和する安定化抵抗である。図（a）や図（b）では，検波電圧は $H_{ex}=0$ 時の電圧を差し引く差動アンプが必要である。

図（c），図（d）は，トランジスタ 2 個を用いたマルチバイブレータ発振回路に 2 個のダミー抵抗 R を付加して，差電圧により磁界を検出するセンサ回路である。

（d） ロイヤー発振形

図（c）は，1 個の磁心をセンサヘッドとするマルチバイブレータ発振回路であり，4 コイルをもつロイヤー発振回路と 2 コイル形の改良回路がある。

ロイヤー (Royer) **発振回路**[13] は，図 2.13(b)の角形 BH 特性磁心を使用すると，2 個のトランジスタの交互のスイッチングにより，巻線(巻数 N)には高さ E（直流電源電圧 V_{CC}）の方形波電圧が誘起される。その発振周波数は，次式で表される。

$$f \fallingdotseq \frac{E}{4N\phi_s} \tag{4.5}$$

ここに，N は励磁コイルの巻回数，ϕ_s は飽和磁束である。

このロイヤー発振回路に微小ダミー抵抗 R を挿入すると，発振の正電圧が発生する半周期 $N\phi_s/E$ の電圧 e_1 および負電圧の半周期 $N\phi_s/E$ の電圧 e_2 は，次式で表される。

$$e_1 = \frac{Rl}{N}(H_c + H_{ex}) \tag{4.6}$$

$$e_2 = \frac{Rl}{N}(H_c - H_{ex}) \tag{4.7}$$

ここに，l はコイルの長さ，H_c は保磁力である。

出力 E_0 は（e_1，$-e_2$）の 1 周期における平均値であり，次式で表される。

$$E_0 = \frac{Rl}{N} H_{ex} \tag{4.8}$$

式(4.8)には H_c が相殺されて現れないため，温度変動による H_c の変動の影響を受けにくい。出力側の可変抵抗 VR は零点調整用であり，正確な零点調整を行うには，最大抵抗値の異なる 2 個または 3 個の VR を並列接続して調整する。

(e)　単磁心マルチバイブレータ形

改良形 2 コイルマルチバイブレータ形センサも，ロイヤー形センサと動作は同じであるが，ロイヤー回路の発振開始にトリガパルスが必要であることに対して，トリガパルスが不要であることが異なる。コイルの個数が半分で済むことも，センサを小形・軽量化できる利点である。

この単磁心マルチバイブレータ形センサは，簡単な構造で直線性のよい磁界センサや電流センサであるが，発振周波数はあまり高くできないので(数十 kHz

程度）応答は早くない。

BH ループとして図 2.13(c)のリエントラントループを示す磁心を用いてもよい。この場合は，発振周波数は電源電圧 E に無関係に，大バルクハウゼン効果による固有の磁壁伝搬速度 V_w で決定され，$V_w/2l_c$（l_c は磁心の長さ）となる。

センサ動作では，式(4.6)，(4.7)の H_c が反転磁区形成限界磁界 H^* におき換わり，式（4.8）と同一の磁界検出特性となる。

なお，センサではないが，ロイヤー発振回路の発振開始にトリガパルスが必要なことに着目し，パワートランジスタとリング磁心でロイヤー発振回路形のパルスターンオン電力スッチ素子が考案され，誘導モータの速度制御用インバータが構成されている。

(*f*)　2 磁心マルチバイブレータ形

図 4.3(d)は，2 磁心マルチバイブレータ形磁界センサ回路である。

図(c)の単磁心形回路の動作と比較すると，スイッチングトランジスタの交互のオン・オフにより，各磁心の励磁電流は 1 方向の三角波としてコイル中を流れ，磁束は飽和磁束と残留磁束の間で変化するので，高周波励磁ができることが特徴である。

一例として，誘導モータの二次電流センサ用の回路では，磁心は直径 120 μm，長さ 6 mm のアモルファスワイヤであり，100 ターンの励磁コイルを巻き回したもので，マルチバイブレータの発振周波数は 2.2 MHz である。このため遮断周波数は約 100 kHz に達し，インバータ駆動電流を忠実に検出することができる。

2 磁心マルチバイブレータでは，トランジスタのスイッチング動作の転流は，磁心のインダクタンス L とベースキャパシタンス C_b の振動によって行われる。R_b は C_b の蓄積電荷の放電用である。$\boldsymbol{H}_{ex}$ によって磁心 1, 2 のインダクタンスは，$L+\Delta L$，$L-\Delta L$ に変化して各半周期は増加・減少するが，発振周波数は $f=1/\pi\sqrt{LC_b}$ であり，変化しない。

いま，R_b を無視して回路の動作方程式を立てると，以下のようになる[14]。

$\mathrm{Tr_1\,ON,\ Tr_2\,OFF}\quad \text{for}\quad 0<t<T_1$：

$$E=L_1\frac{di_{c1}}{dt},\ \ E-e_2=\int i_{b1}\frac{dt}{C_b}$$

$$e_2=L_2\frac{di_{b1}}{dt},\ \ i_{c1}(T_1)=\beta\, i_{b1}(T_1) \tag{4.5}$$

$\mathrm{Tr}_1\ \mathrm{OFF},\ \mathrm{Tr}_2\ \mathrm{ON}\quad \mathrm{for}\quad 0<t<T_2$：

$$E=L_2\frac{di_{c2}}{dt},\ \ E-e_1=\int i_{b2}\frac{dt}{C_b}$$

$$e_1=L_1\frac{di_{b2}}{dt},\ \ i_{c1}(T_2)=\beta\, i_{b2}(T_2) \tag{4.6}$$

境界条件はつぎのようになる。

$$i_{c1}(0)=i_{b2}(T_2),\ \ i_{b1}(0)=i_{c2}(T_2)$$

$$i_{c2}(0)=i_{b1}(T_1),\ \ i_{b2}(0)=i_{c1}(T_2) \tag{4.7}$$

ここで，$L_1=L-\varDelta L$, $L_2=L+\varDelta L$, $\varDelta L\ll L$ とおくと，センサ出力電圧 E_0 は近似的に次式で表される。

$$E_0\fallingdotseq 3\left(1-\frac{\pi}{4}\right)R_1E\sqrt{\frac{C_b}{L}}\left(\frac{\varDelta L}{L}\right) \tag{4.8}$$

$\varDelta L\propto \boldsymbol{H}_{ex}$ により，$E_0\propto \boldsymbol{H}_{ex}$ となる。

図(a)～(d)の回路は，検波出力電圧を1 000～2 000倍に増幅して2.5節で示した強負帰還法によって，線形性の高い，ヒステリシスのない，速応性および温度安定性などの優れた磁界センサとなる。

図4.4は，図4.3(d)の2磁心マルチバイブレータ形回路に強負帰還を施した磁界センサの磁界検出特性である。誘導モータの二次電流センサ検出用に比較的高い磁界(±40 Oe フルスケール)まで検出できるように，反磁界の大きな長さ6 mmの短いアモルファスワイヤ磁心を用いて設計されている。

磁心のみの温度を液体窒素温度（−196°C）から180°C（モータ内予想最高温度）まで変化させても，磁界検出感度はほとんど変動しないので，磁心のみをモータ内（エンドリング近傍）に設置し，センサ電子回路はモータ外に設置して，安定な二次電流検出を行っている。

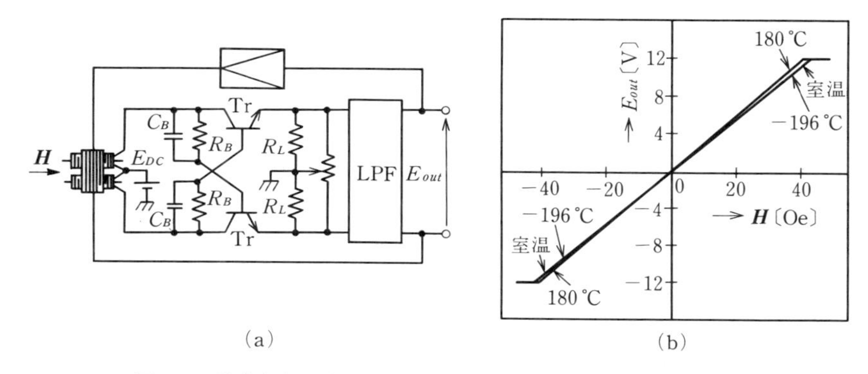

（a）　（b）

図 4.4　強負帰還回路で安定化された磁界センサの磁界検出特性

4.3　磁気-抵抗効果センサ

磁気-抵抗効果センサ(magneto-resistive effect sensor，**MRセンサ**ともいう)[15]は，1980年代に入ってVTRのテープエンド検出に使用されるようになり，次いでパーソナルコンピュータのハード磁気ディスクやフロッピー磁気ディスクの回転位置検出センサ（ロータリエンコーダ）用ヘッドにも採用されるようになって，その使用個数が爆発的に増大している。1996年現在，パーソナルコンピュータの全世界生産台数は年8 000万台に達し，今後さらに急増していくと見られている。

さらに，コンピュータの外部メモリの高密度化が進展するとともに，従来の誘導形磁気ヘッドはSN比が不足してきたためMRヘッドにおき換えられつつあり，MRヘッドおよびMRセンサヘッドの需要は倍増しそうである。

しかし，2005年以後は，高密度磁気記録ヘッドはGMRヘッドにおき換えられ，また2010年以後は，MIヘッドへ移行するであろう，とする見方もある。

強磁性薄膜MR素子では，3.1.2項で述べたように，磁化ベクトル$\boldsymbol{M}$が，外部磁界$\boldsymbol{H}_{ex}$によって素子の長さ方向(電流Iの方向)から角度θだけ傾くと，素子長さ方向の誘導電界は，$\boldsymbol{E}=\rho\boldsymbol{i}+\beta iM_s^2\cos^2\theta$（$\rho$：電気抵抗率，$\boldsymbol{i}$：電流密度，$M_s$：飽和磁化）で表される。素子電圧$V$は，$V=R_{dc}I+\beta_1 IM_s^2\cos^2\theta$

($R_{dc}=\rho l/S$，$\beta_1=\beta l/S$，l：素子長，S：素子断面積)である。素子抵抗 R_M ($=V/I$) は，次式で表される。

$$\boldsymbol{H}_{ex}=0 \text{ で，} R_{Mo}=R_{dc}+\beta_1 M_s^2 \qquad (\theta=0)$$

$$\boldsymbol{H}_{ex} \text{ 印加で，} R_{Ms}=R_{dc} \quad \text{（飽和値）} \qquad \left(\theta=\frac{\pi}{2}\right) \tag{4.9}$$

抵抗変化率は，伝統的に $\Delta R/R_{Ms}$ ($\Delta R=R_{Mo}-R_{Ms}$) で定義されており，次式で表される。

$$\frac{\Delta R}{R_{Ms}}=\frac{\beta_1 M_s^2}{R_{dc}} \tag{4.10}$$

$\Delta R/R_{Ms}$ の大きさは，感度の高い素子で 2～3%（$\boldsymbol{H}_{ex}=20$ Oe）であり，磁界による変化率は約 0.1%/Oe である。

MR 素子では抵抗変化率が小さいので，実用的磁界検出素子では 4 素子でブリッジ回路構成とし，R_{dc} による電圧降下分を相殺して感度を向上させている。**図 4.5** は，80 Ni 20 Fe パーマロイ薄膜の微細加工技術を用いて，素子長さ方向を直交させた素子ペアを一対用いた，ブリッジ構成のリニア磁界センサヘッドである。

素子パターンを直交させる意味は，$\boldsymbol{H}_{ex}$ とパターンのなす角が，素子部 ① と ② で 90° に関して相補的になり，$\boldsymbol{H}_{ex}$ の方向を検知するためである。

例えば，$\boldsymbol{H}_{ex}$ が ① に平行に印加されると，素子のパターン長さ方向に異方性

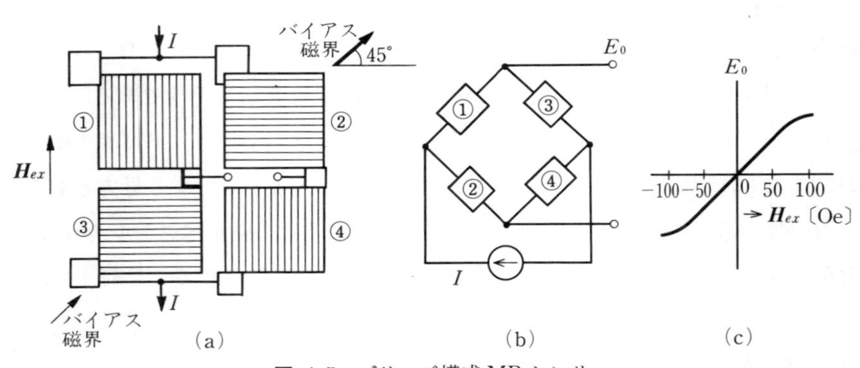

図 4.5　ブリッジ構成 MR センサ

がある場合は，① の抵抗は変化せず ② の抵抗が $\boldsymbol{H}_{ex}$ とともに減少し，逆に ② に平行に印加されると，① の抵抗が減少する。$\boldsymbol{H}_{ex}$ が ①，② と 45° の方向に印加されると，①,② の抵抗値は等しい。

これらの四つの素子部のおのおのに，バイアス磁界をパターンの幅方向に印加しておくと，リニア磁界センサとして動作する。

すなわち，パターンの ±45° 方向にバイアス磁界を印加し，または磁界中アニールによって $\boldsymbol{M}$ を設定 (①：45°，④：135°) しておく。①,④ に平行な $\boldsymbol{H}_{ex}$ を印加すると，$\boldsymbol{H}_{ex}$ が正で ① の抵抗が増加，② の抵抗は減少，③,④ の抵抗は不変，$\boldsymbol{H}_{ex}$ が負でその逆の変化が生じる。このとき，ブリッジ回路の出力電圧は $\boldsymbol{H}_{ex}$ に比例する。分解能は，約 0.1〜0.5 Oe である。

E_0-$\boldsymbol{H}_{ex}$ 特性をプッシュプル特性にするためには，MR 各素子のパターン長さ方向に直流バイアスを印加する必要があるが，ブリッジ構成のチップ全体を 45° 方向に直流磁界をバイアスとして印加すれば，簡単で十分な効果がある。

ブリッジ素子の外径は，1 辺が 100 μm 程度のものが多い。

$\boldsymbol{H}_{ex}$ の大きさが一定の場合は，$\boldsymbol{H}_{ex}$ の方位を検出するセンサとしても使用される。

また，MR 素子は，磁界検出にあたっては，抵抗変化が $\boldsymbol{H}_{ex}$ の正負に関して対称に変化するので，ロータリエンコーダのように，着磁体の磁極の位置のみを極の正負に無関係に検出する場合は，そのまま使用するのが都合がよい。

図 4.6 は，ロータリエンコーダ用多極着磁体に MR 素子を 2〜4 個対向させて，表面磁界の分布を正弦波で検出する方法である。これは，MR 素子の感度が低

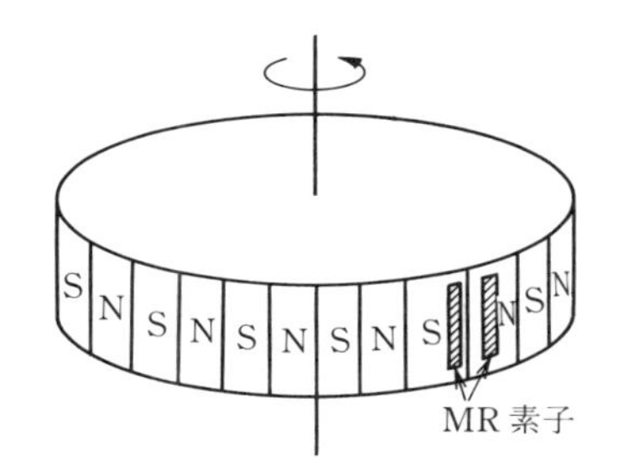

図 4.6　ロータリエンコーダ用 MR 磁気ヘッドの配置

いため，ヘッド先端を着磁間隔の距離より磁石表面に近づけなければならないため，1個のMR素子のみでは，2.3節で述べたように正弦波とならないことによる。

図4.7 は，高密度磁気記録用MRヘッドの試作例の概略図である。ヘッド寸法は，厚さ約200 nm，幅2〜3 μm，長さ30 μmである。記録媒体からの表面磁界のMR素子への印加方法は，素子幅方向（異方性は長さ方向）〔図(a)〕，または長さ方向（異方性は幅方向）〔図(b)〕である。

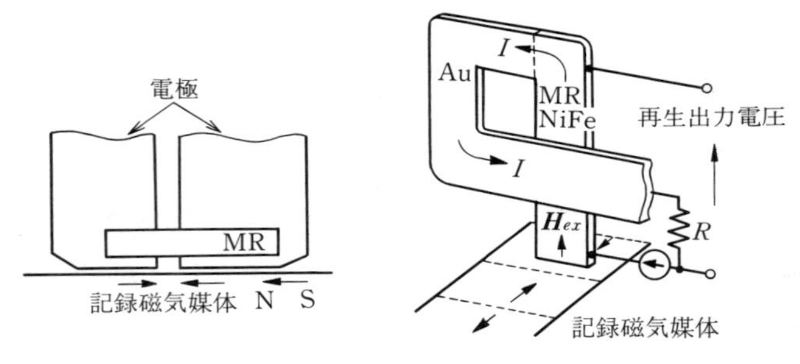

（a） 横形MRヘッド　　（b） 縦形MRヘッド

図 4.7　磁気記録用MRヘッド

MR素子は，ホール素子より磁界検出感度が高く，また磁性体であるため，温度安定性が高い，などの特徴がある。

図(b)ではMR素子電流路がMR素子部の表面を直交する形で設置され，直流電流 I により，直流バイアスをMR素子に印加する効果をもたせている。

4.4　磁気-インピーダンス効果センサ

磁気-インピーダンス効果センサ(magneto-impedance effect sensor，略して **MIセンサ**ともいう)は，3.3節のMI効果を基礎とする新しい原理の高感度・高速応答のマイクロ磁気センサである。

ヘッド長さは1 mm以下のマイクロ寸法であっても，一様磁界に対しては，FGセンサと同程度の約 10^{-6} Oeの分解能を示し，遮断周波数は約1 MHzであり，

FG センサの数百倍の高速応答性を示す。マイクロ寸法であるため，記録磁界や高密度着磁磁界などの局在微小磁界に対しては，磁界検出素子の中で最も高感度である。

MI 素子は，高周波電流または鋭いパルス電流の通電が必要であるため，素子のリード線の浮遊インピーダンスの影響を受けないよう，MI 素子を簡単な自己発振回路中のインダクティブ素子として動作させる。外部磁界 $\boldsymbol{H}_{ex}$ によって素子のインピーダンスが変化し，共振回路の電圧振幅または発振周波数が $\boldsymbol{H}_{ex}$ によって変調されることを利用する。

発振回路では，$\boldsymbol{H}_{ex}$ によってインピーダンス Z が変化すると同時に，素子電流 I も大幅に変化するので，MI 素子のインピーダンスのみの変化による素子電圧の変化の 5～6 倍の電圧変化(数百%/Oe)が得られ，非常に高感度になる。これは，MR 素子やホール素子のような直流電流技術と異なり，発振や変調などの交流技術独特の効果が利用できるためである。

簡単な自己発振回路は，コルピッツ回路，ハートレー回路，マルチバイブレータ回路，オペアンプ回路，CMOS 回路などである。線形磁界センサを構成する場合は，MI 素子にはバイアス磁界を印加する。

これらの発振回路に検波回路を接続すると，$\boldsymbol{H}_{ex}$ に比例した出力電圧を得る。これは，図 4.3 の磁心入りコイルの代わりに，MI 素子を用いた回路となる。さらに，強負帰還回路により，直線性，周波数応答，および温度安定性などを向上させたマイクロ磁界センサが構成される。

図 4.8 は，1 個の MI 素子を組み込んだコルピッツ発振回路である。磁界検出用ヘッドが 1 個の最も簡単な発振回路であり，単ヘッドセンサとしてヘッドにかかる磁界を検出する。

これに対して，後述のハートレー発振回路形や 2 磁心マルチバイブレータ発振回路形のセンサでは，磁界の差を検出することができ，空間的分布の緩やかな比較的大きな背景雑音磁界を相殺して，空間的分布の急峻(しゅん)で微弱な信号磁界のみを検出する**勾配磁界検出**（gradio-field sensor，**グラジオセンサ**ともいう）ができる。

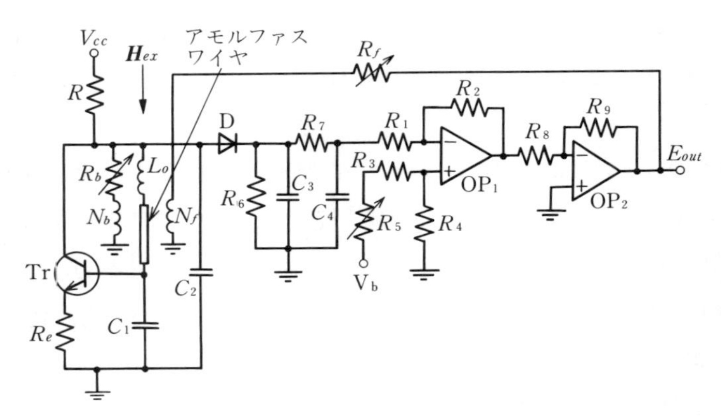

$R=300\ \Omega$，$R_b=1\ \text{k}\Omega$，$C_1=C_2=100\ \text{pF}$，$L_0=120\ \text{nH}$
Tr：2 SC 2570，D：1 SS 97，OP_1：LM 318，OP_2：LM 356
N_f：20 T（$l=2$ mm），N_b：15 T（$l=2$ mm）
$R_1=R_3=R_7=R_8=1\ \text{k}\Omega$，$R_2=R_4=10\ \text{k}\Omega$，$R_6=R_9=100\ \text{k}\Omega$，
$R_5=61\ \text{k}\Omega$，$R_f=3\ \text{k}\Omega$，$C_3=10\ \text{pF}$，$C_4=100\ \text{pF}$

図 4.8　コルピッツ発振形 MI マイクロ磁界センサ回路

図の回路では，コルピッツ発振回路の共振電圧の振幅が $\boldsymbol{H}_{ex}$ によって変化(振幅変調)し，被変調電圧がショットキーバリヤダイオードを通して検波され，零点設定用の直流バイアス電圧 E_b との差の電圧が十分増幅された後，強負帰還されて直線性が高くヒステリシスのない線形センサとなっている。

コルピッツ発振回路では，MI 素子のインピーダンス Z，複素電圧 V，複素電流 $I\,(V=ZI)$ の $\boldsymbol{H}_{ex}$ に対する変化は次式で表される。

$$\frac{\partial V}{\partial \boldsymbol{H}_{ex}}=\frac{\partial Z}{\partial \boldsymbol{H}_{ex}}I+\frac{Z\partial I}{\partial \boldsymbol{H}_{ex}} \tag{4.11}$$

自己発振回路では，式（4.11）の右辺第 2 項の寄与が，第 1 項の寄与の数倍大きいが，この変化は，共振回路の良さを Q (quality factor) とすると，共振回路中の MI 素子電流がコレクタ電流の Q 倍流れることによる。

このことを，**図 4.9** のバイポーラトランジスタの高周波等価回路（アドミタンスパラメータ）で調べてみる。ここに，g_i，C_i はベース入力コンダクタンス，キャパシタンス，g_0，C_0 はコレクタ側出力コンダクタンス，キャパシタンス，y_f は順方向伝達アドミタンス，V_b はベース-エミッタ間電圧である。

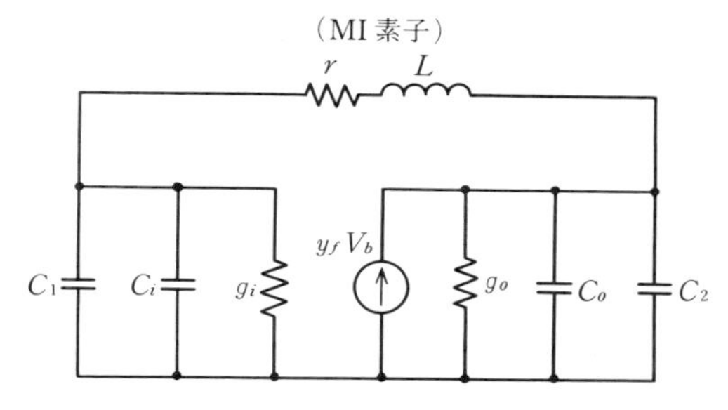

図 4.9 高周波コルピッツ発振回路の等価回路

1〜100 MHz 領域では，g_i，g_0 は角周波数 ω にほぼ比例するので，$g_i=\omega G_i$，$g_0=\omega G_0$ とおくと，コルピッツ発振回路の等価回路は，$y_f V_b$ の交流電流源と MI 素子のインピーダンス Z，合成キャパシタンス $C_1'=C_1+C_i+G_i$，$C_2'=C_2+C_0+G_0$ の直並列共振回路で表される。Z は表皮効果が顕著な場合の式 (2.56) で表されるが，$\omega \ll \omega_c$ の場合に，線形回路要素として次式で近似する。

$$Z=r(\omega_0)+j\omega L(\omega_0)$$

$$r(\omega)=\frac{aR_{dc}}{2\sqrt{2}\,\rho}\sqrt{\omega\mu_m}$$

$$L(\omega)=\frac{aR_{dc}}{2\sqrt{2}\,\rho}\sqrt{\mu_m/\omega} \tag{4.12}$$

ここに，ω_0 は共振角周波数である。

回路方程式をまとめると，$(Z+1/j\omega C_1'+1/j\omega C_2'-y_f/\omega^2 C_1' C_2')I_1=0$ より，発振の利得条件，発振角周波数 ω_0 が次式で表される。

$$y_f=\omega_0{}^2 C_1' C_2' r(\omega_0) \tag{4.13}$$

$$\omega_0=\frac{1}{\sqrt{L(\omega_0)C_1'C_2'/(C_1'+C_2')}} \tag{4.14}$$

共振回路では，$Qy_f V_b$ の還流電流が流れる。したがって外部磁界 $\boldsymbol{H}_{ex}$ によって，増分透磁率 μ_m が増加すると式 (4.12) より r が増加し，式 (4.13) によって y_f が増加して，還流電流（MI 素子電流）が増加することになる。すなわち自己発振回路では，MI 素子の電圧は ME 効果のみでなく電流の変化も重畳されるので，$\boldsymbol{H}_{ex}$の印加に対して非常に大きく変化することになる。

図4.10は，図4.8のセンサの基本特性例である。図(a)は磁界検出の静特性，図(b)は最小検出磁界(10^{-6} Oeの正弦波で信号平滑化処理を行った）波形，図(c)は磁界検出の動特性を表す周波数特性である。

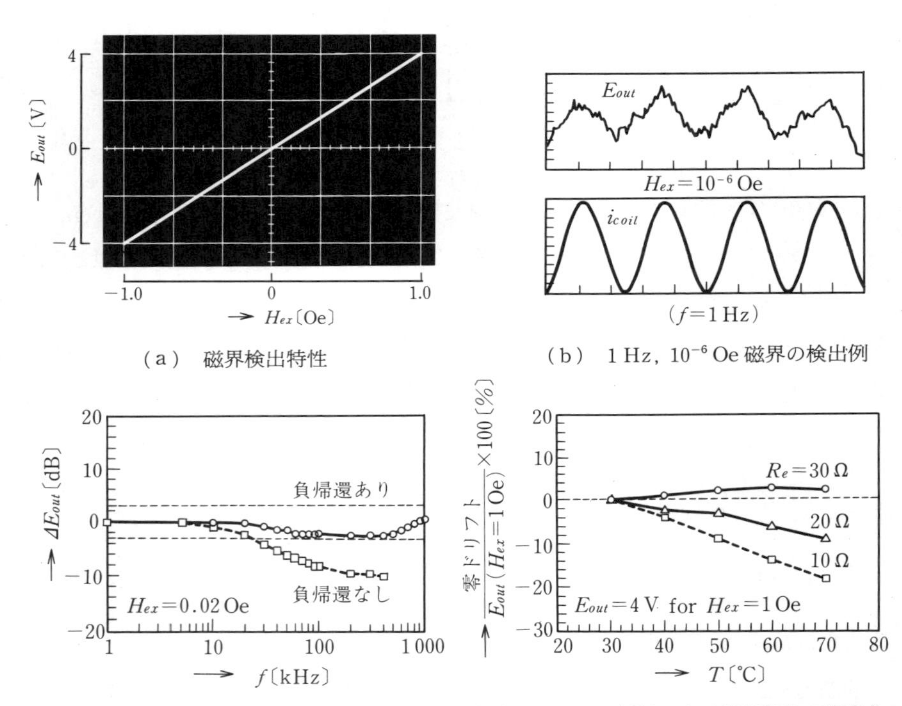

(a) 磁界検出特性　(b) 1 Hz，10^{-6} Oe磁界の検出例

(c) 強負帰還による周波数特性の改善　(d) エミッタ低抗による温度特性の安定化

図 4.10 コルピッツ発振形MIマイクロ磁界センサの基本特性

この結果，アモルファスワイヤ30 μm径，1 mm長のマイクロ寸法ヘッドで10^{-6} Oeの高分解能，検出磁界周波数0〜1 MHzの高速応答の磁界センサであることがわかる。発振周波数は100 MHzである。

図4.11は，アモルファスワイヤMI素子を用いた勾配磁界や磁界差を検出するセンサ回路である。高密度着磁媒体の微弱な局在磁気信号を背景雑音磁界を相殺して，高いSN比で検出することができる。空間的に2点間の磁界の差を検出するために，MI素子を2個用いるが，1本のアモルファスワイヤの3箇所

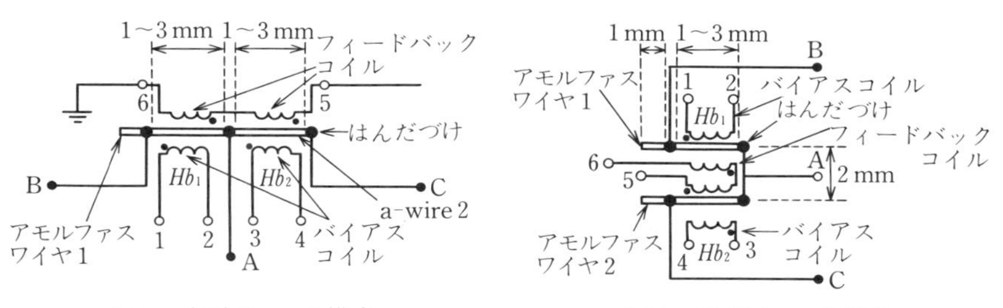

（i） 直列形ヘッド構成　（ii） 並列形ヘッド構成

（a） アモルファスワイヤヘッドの構成

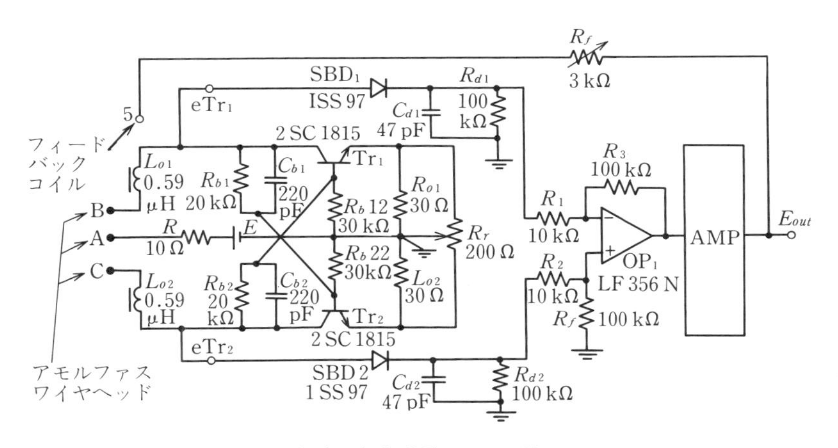

（b） 勾配磁界センサ回路

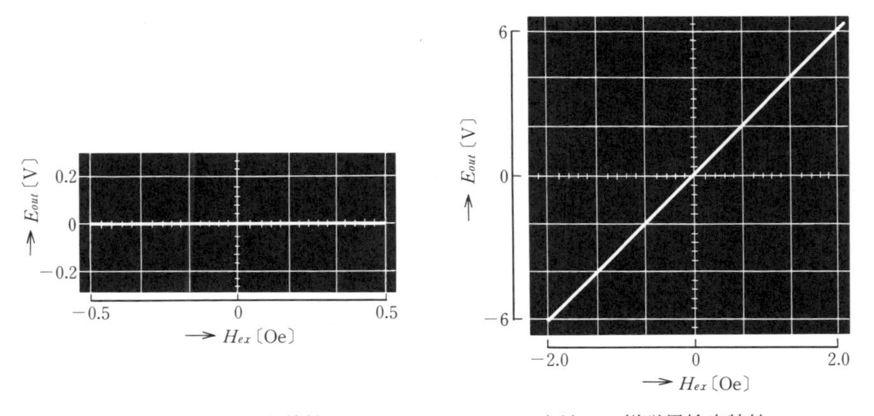

（c） 一様磁界相殺特性　（d） 一様磁界検出特性

図 4.11 2 MI 素子共振マルチバイブレータ形勾配磁界センサ

にはんだづけ電極で構成するか，または2本のワイヤで構成する。安定した発振動作のために2個のトランジスタを使用し，回路は対称形に構成する。

この対称回路で，2個のMI素子の電圧の差が外部磁界 $\boldsymbol{H}_{ex}$ に比例するので，回路の電源ラインから混入するコモンモードノイズを相殺して，高いSN比で磁界を検出することができる。

回路構成は図4.4のマルチバイブレータ回路に似ているが，発振周波数が10 MHz程度以上になると，2個のトランジスタは十分なスイッチングを行わず，能動領域で交互に昇降状態で動作する。

この回路では，2個のハートレー発振回路が2個の**インダクティブ素子**（inductive element，この場合は**MI素子**）を共有し，それぞれのベースコンデンサ C_b との3素子共振で発振する。磁界の差を検出する場合は，2個のMI素子のインダクタンス分を，それぞれ $\boldsymbol{H}_{ex}$ による変化分を考慮して $L \pm \varDelta L$ とし，トランジスタの浮遊インピーダンスを無視すると，発振周波数は，$f=1/2\pi\sqrt{2LC_b}$ であり，$\boldsymbol{H}_{ex}$ に依存しない。

図4.9のコルピッツ回路と同様に，MI素子の励磁電流は直流に交流が重畳しており，MI効果は，異方性磁界 $\boldsymbol{H}_k$ 以下の $|\boldsymbol{H}_{ex}|$ によってインピーダンスが増加する。

そこで，MI素子1,2の長さ方向に，それぞれ $\boldsymbol{H}_k/2$ の大きさの直流バイアス磁界をたがいに反平行に印加すると，1,2に印加される磁界によって1,2のインピーダンス（素子電圧の振幅）がたがいに逆に増減する。

このおのおのの電圧を，トランジスタのエミッタ側からショットキーバリヤダイオードを通して振幅変調波を検波し，差動アンプ出力で2個のMI素子にかかる磁界の差を検出する。

図4.12は，1 mm長のアモルファスワイヤMI素子を，2 mmの間隔で2個直列に配置した勾配磁界センサで，ロボットアーム制御用ロータリエンコーダリング磁石の表面磁界分布を検出した例である。

リング磁石は19 mm径のフェライト磁石で，円周方向に30 μm間隔で磁極が着磁されている。着磁間隔がきわめて近接しているため，表面から約1 mmの

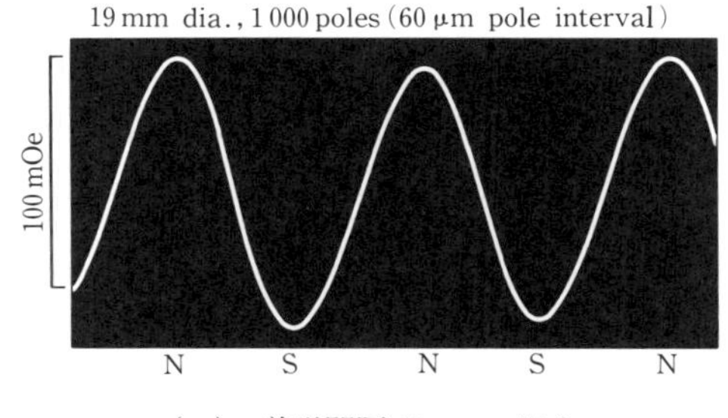

（a）　着磁間隔 60 μm の場合

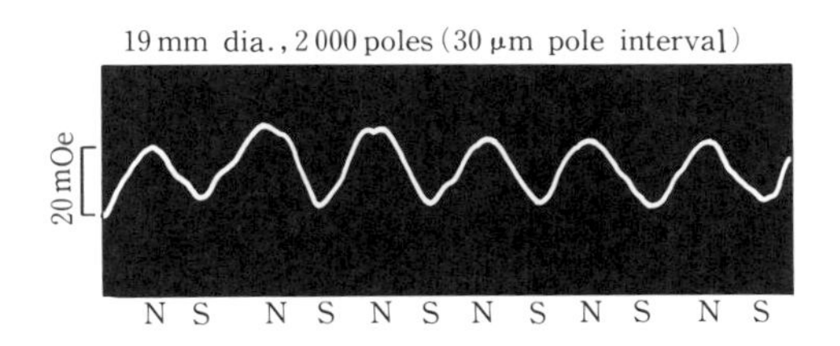

（b）　着磁間隔 30 μm の場合

図 4.12　高密度ロータリエンコーダ表面磁界の検出波形

位置における垂直方向磁界の強さは 10 mOe 程度（地磁気の 30 分の 1 程度）である。

したがって，MR 素子や GMR 素子などでは検出がほとんど不可能である。さらに，ロータリエンコーダ駆動用の磁石ロータ形直流モータからの比較的強い(数百 mOe)外乱磁界がセンサヘッド部に印加されるので，この外乱磁界の影響を除去するセンシング方法が必要である。

図(a)は，着磁間隔が 60 μm の場合であり，各磁極の磁界の磁石面垂直成分の円周方向分布波形が，ほぼ正弦波として検出されている。これは MI センサが高感度であるため，MI ヘッドの先端を着磁間隔以上に設置できるため，図 2.3 で述べたように，正弦波が理論的に検出されることを実証している。図(b)は，着磁間隔が 30 μm の場合の分布波形である。着磁間隔 30 μm は角度換算で 0.18° であるから，正弦波が保証される場合はサンプリング手法が適用できるので，角度分解能は，例えば 0.01° が容易に得られる。

MI 効果は，磁性体の表皮効果を利用するため，磁性体に高周波電流を通電するが，高周波電流は正弦電流のみでなく，パルス列電流でもよい。

すなわち，鋭いパルスを一定周期で通電することで，パルスの高周波成分で表皮効果を発生させても MI 効果が得られる。アモルファスワイヤで十分な表皮効果を生じさせるパルスとしては，数 ns のパルス幅が望ましい。パルスの立上り時間を t_r〔s〕とすると，$f \fallingdotseq 1/2t_r$〔Hz〕の交流に対応する。この鋭いパルス列電流を電子回路で得る方法としては，CMOS（相補形 MOS FET）インバータのスイッチング動作を利用する方法がある。

図 4.13 は，6 個の CMOS インバータを内蔵する市販の IC チップを利用し，その中の 2 個のインバータと R，C で無安定マルチバイブレータを構成して，CMOS

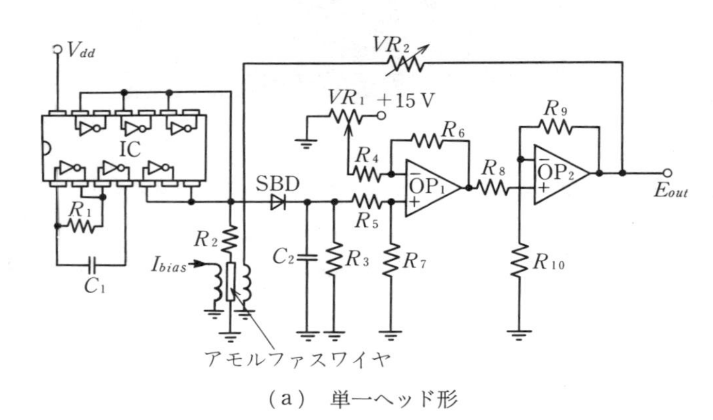

（a） 単一ヘッド形

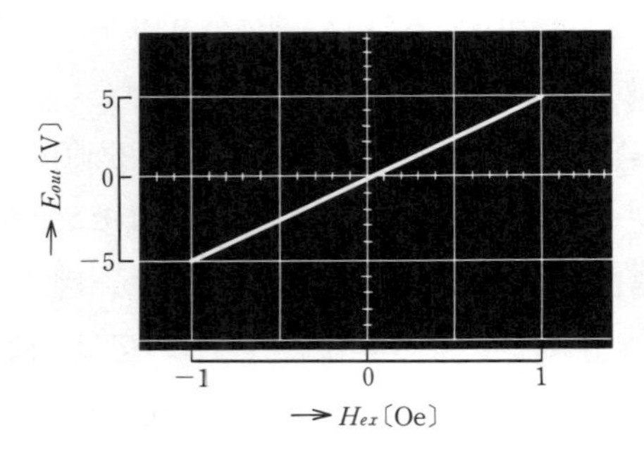

IC：74 AC 04, R_1：20 kΩ, C_1：100pF, R_2：1 Ω, C_2：1 000 pF, R_3：510 kΩ, R_4，R_5，R_8，R_{10}：10 kΩ，R_6，R_7：100 kΩ，R_9：1 MΩ，VR_1，VR_2：3 kΩ
OP_1，OP_2：LF 356

（b） 交流磁界検出例（1 kHz，±1 Oe）

図 4.13 CMOS IC マルチバイブレータによる MI マイクロセンサ

のスイッチング時に電源ラインに流れる数ナノ秒幅のパルスをアモルファスワイヤに通電する方式の MI マイクロ磁界センサ回路である[16)]。

CMOS FET は，スイッチング以外の定常状態では電流は零なので，回路の消費電力はパルス電流による消費電力のみで，ミリワット以下の微小量である。MI 素子の誘起電圧は，ショットキーバリヤダイオードと RC 回路によるピークホールド回路で直流電圧に変換され，増幅および負帰還によってリニア磁界センサとなる。

4.5　勾配磁界センサ（磁界差センサ）

高密度磁気記録媒体や高密度着磁ロータリエンコーダ用磁石などでは，磁極から発生する磁力線は空間的に著しく局在し，磁極からわずかに離れた位置では，磁界の大きさは，地磁気などの一般的な外乱磁界より微弱である。このような場合，局在微弱信号磁界を，より大きな外乱磁界の中から選択的に検出できる磁気センサが必要である。

磁界は，単位断面積あたりの磁力線の数（密度）であり，磁極や磁気双極子から発生する磁界は，空間的な分布をなしている。この場合，磁極から遠い位置では磁界の強さが小さく，比較的近距離範囲内での磁界の分布は一様に近い。

図 4.14 の，モーメント $\boldsymbol{m}$〔Wb•m〕の磁気双極子による磁界 $\boldsymbol{H}$ $(r,\ \theta)$ を考慮すると，$\boldsymbol{H}$ の r，θ 方向の変化率は

$$\frac{\partial \boldsymbol{H}}{\partial \boldsymbol{r}} = -\frac{3\boldsymbol{m}\cos\theta}{2\pi\mu_0 \boldsymbol{r}^4}$$

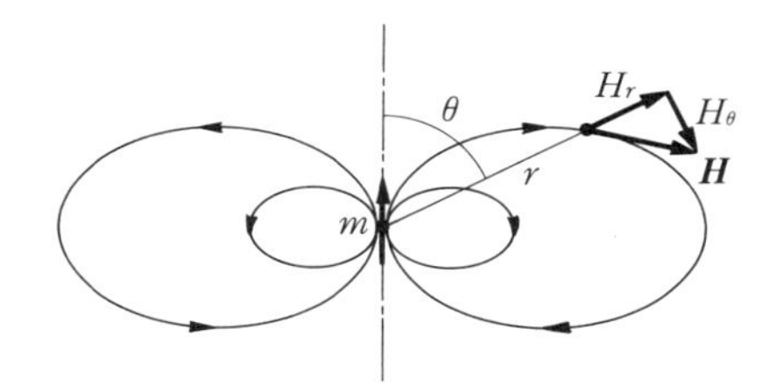

図 4.14　磁気双極子による磁界

$$\frac{\partial \boldsymbol{H}}{r\partial\theta}=-\frac{\boldsymbol{m}\cos\theta}{4\pi\mu_0\boldsymbol{r}^4} \tag{4.15}$$

であり，それぞれ双極子からの距離 r の 4 乗に反比例する。すなわち，双極子から遠い位置にある比較的小さな領域では，磁界は一様と見なされる。

なお，双極子による磁界 $\boldsymbol{H}$ を三次元のベクトルとして表すと

$$\boldsymbol{H}=\frac{1}{4\pi\mu_0 r^3}\left(\frac{3}{r^2}\boldsymbol{r}(\boldsymbol{m}\cdot\boldsymbol{r})-\boldsymbol{m}\right) \tag{4.16}$$

である。

地磁気（terrestrial field，**地球磁場**，**地球磁界**ともいう）は，地球内部のマントルのプラズマ還流電流による地球中心部の磁気双極子を仮定することで，その地球表面部の分布の 90％が説明されている。赤道付近の地磁気の大きさ約 0.4 Oe (約 32 A/m)，地球半径約 6 370 km，$\mu_0=4\pi\times10^{-7}$ Wb/(A•m) なので，地球中心部の磁気双極子モーメント $\boldsymbol{m}$ は約 1.1×10^{17} Wb•m と推定される。

したがって，$\theta=\pi/4$ の地表面において，角度変化分 $\Delta\theta=1°$ (0.017 4 rad.，地表面 2 点間距離 107 m) の磁界変化分 $\Delta\boldsymbol{H}_\theta=|\partial\boldsymbol{H}_\theta/\partial\theta|_{\theta=\pi/4}\Delta\theta$ は約 0.3 A/m (約 0.004 Oe) であり，100 m あたり 1％しか変化しない。すなわち，日本近辺では，地磁気はほぼ完全な一様磁界である。

磁気記録媒体や磁石が発生する磁界は局所磁界であり，地磁気より小さな場合でも，その空間分布の違いを利用すれば，センサで分離検出することができる。この磁界センサが，一様磁界を相殺して非一様磁界（勾配磁界，局所磁界）のみを検出するセンサであり，**勾配磁界センサ**，**磁界差センサ**あるいは**グラジオセンサ**（gradio sensor）などとよばれている。

図 4.15 に，勾配磁界センサの例として，MI ヘッドを 2 個直列に配した CMOS マルチバイブレータ形勾配磁界センサの回路構成を示す。

2 mm 長，30 μm 径アモルファスワイヤ MI 素子を 10 mm 間隔で直列に配し，それぞれのワイヤ通電パルス電流の大きさおよびコイルによる同方向直流バイアス電流の大きさを，可変抵抗器で調整して地磁気を相殺すると，0.1 mOe の勾配磁界（磁界差）まで検出することができる。MI 素子の励磁パルス電流は，

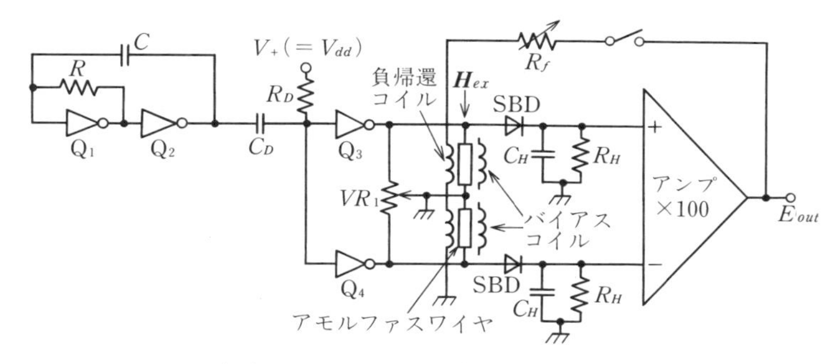

（a） 双ヘッドによる磁界差センサ回路

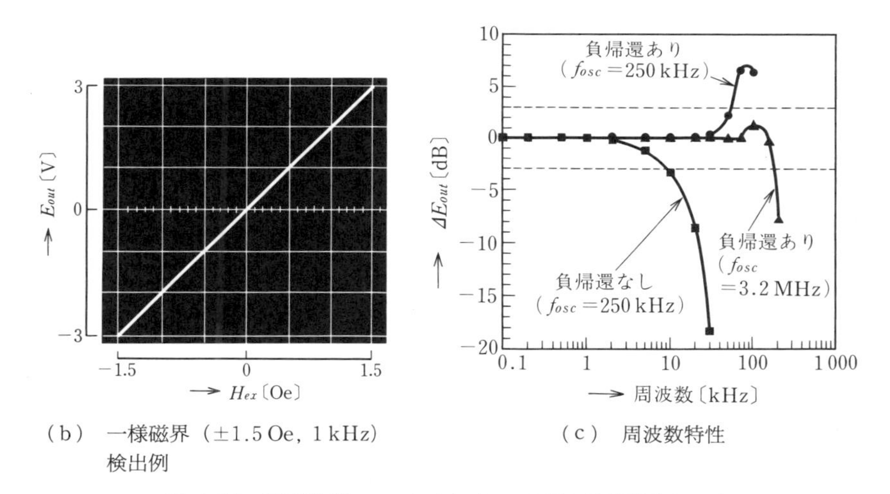

（b） 一様磁界（±1.5 Oe，1 kHz）検出例

（c） 周波数特性

図 4.15 CMOS IC マルチバイブレータ形 MI 磁界差センサ

方形波マルチバイブレータ発振電圧を R_D，C_D で微分パルスとし，インバータ Q_3，Q_4 で整形増幅して与えている。

この磁界差センサは，脳腫瘍（しゅよう）位置にモノクローナル抗体でくるんだマグネタイト微粒子群を固定しておき，その磁力線を検出して位置を検知するセンサなどに使用される[17]。

またこの回路は，2 個の MI 素子のバイアス磁界の方向をたがいに逆方向に設定すれば，一様磁界センサとして動作する。回路は対称形に構成されているので，電源電圧の変動や電源ラインに混入するコモンモードノイズなどを相殺すること，1個のCMOS ICのみを能動素子として使用するため安定性が高く，また増幅器は，計装用高安定の差動増幅器を使用すれば低ノイズであり，10^{-7} Oeの磁界検出分解能が達成できる，などの特徴をもつ。

4.6 電流センサ

1980年代後半に入って，サイリスタやパワートランジスタによる整流器，インバータ，コンバータなどの電流制御装置が急速に普及し，誘導電動機の可変速制御や電力装置の周波数変換制御などが自由にできるようになるとともに，**電流センサ**（current sensor）の性能に対する要求が厳しくなってきた。

すなわち，これらの電流制御装置では，半導体スイッチによって電流がパルス列状に変換されるため，50～60 Hzの電力用正弦電流も，10 kHz以上のスイッチング周波数によるパルス電流列に変換されると，電流波形のもつ周波数成分が最高200 kHz程度まで高くなる。つまり，電力分野の電流センサの応答周波数の最大値は，従来の数kHzから数百kHzに増大し，電流センサの応答速度も数百kHz以上が要求されている。

このような検出対象の電流の波形の変化に伴って，従来方式の集磁コアとホール素子の組合わせによる電流センサは，集磁コアの応答速度が遅いこと，および大形で重量が重いこと，などのため使用されなくなってきた。

これは，集磁コア（パーマロイ，ケイ素鋼，アモルファス，フェライト）が，高周波成分に対する渦電流損や温度特性（フェライト）などにより，発熱または集磁特性の不安定性が電流検出特性を劣化させるためである。

これに代わって，高感度の微小磁気ヘッドを導線の周囲の円周に配置した小形で，高速応答形の電流センサが開発されている。

図4.16は，動力機械の電力駆動三相インバータ電流（電流振幅300 A）用センサを示す。方形断面の電力用導線の両側約10 mmの位置に，導線電流による周回磁界方向に，長さ6 mmの零磁歪アモルファスワイヤ磁心入りコイルを配置したマルチバイブレータ形フラックスゲート磁界センサを構成している。

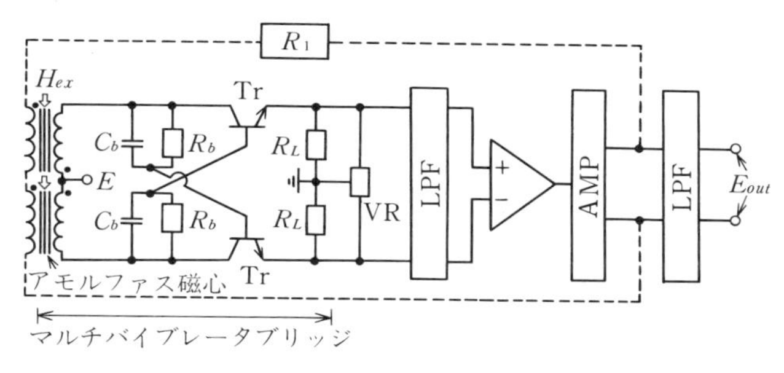

（a）

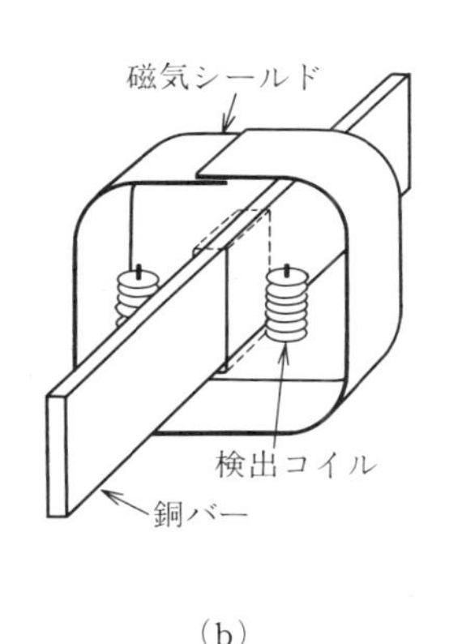

（b）

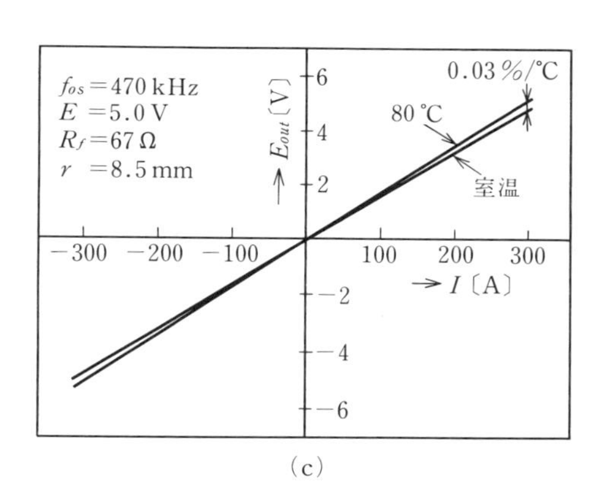

（c）

図 4.16　フラックスゲート形大電流センサ[18)]

電流検出特性は，強負帰還回路構成によりダイナミックレンジ，直線性，応答速度，温度安定性などが高められている。地磁気などの一様外乱磁界は，2個の磁心で相殺されるが，三相インバータ電流の隣接相電流による外乱磁界の相殺は十分でないため，電流センサ外周にケイ素鋼板を2層巻にしてシールドを行っている。

図 4.17 は，高周波電流を検出するセンサである。MI 素子を2個，磁気ヘッドとして配置したトランジスタ発振回路に，負帰還回路を付加した構成であり，数 mm 長のアモルファスワイヤ MI 素子で約 20 MHz の発振を生じさせ，DC 0〜800 kHz の周波数，1 mA〜200 A の振幅の電流を検出することができる。

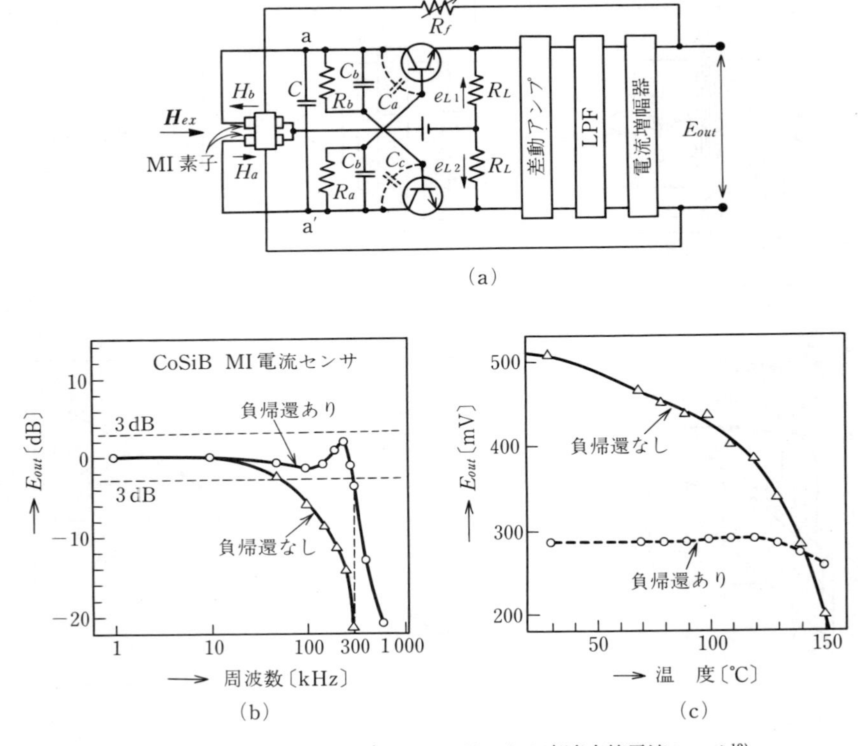

図 4.17　磁気-インピーダンスヘッドによる高速応答電流センサ[19)]

回路は見かけ上マルチバイブレータの構成であるが，発振周波数が高いためトランジスタは能動領域で動作し，2 個の変形ハートレー発振回路が 2 個のインダクタンス素子（MI 素子）を共有した動作となっている。

4.7　磁界ベクトルセンサ

地磁気を利用した方位センサや，運動物体に微小磁石を固定してその運動をモニタし，コンピュータ画面に表示する三次元ポジショニングセンサなどでは，磁界をベクトル量として検出する磁界ベクトルセンサが必要である。三次元ベクトルセンサでは，指向性の強いヘッドを 3 個空間的にたがいに直交する（直角をなす）ように配置した三次元ヘッドを用いる。三次元磁界ベクトルセンサでは，微小磁石の空間磁界は遠方に達しないので，高感度の微小寸法ヘッドで三次元ヘッドを構成する必要がある。この観点から，アモルファスワイヤ MI 素子は，ベクトルセンサヘッドの構成に適している。

図 4.18 は，30 μm 径，2 mm 長の零磁歪アモルファスワイヤ MI 素子 3 個を，1 辺が 2 mm の立方体の 3 辺（X，Y，Z）にたがいに直交するよう配置した，磁界ベクトルセンサの構成図である。

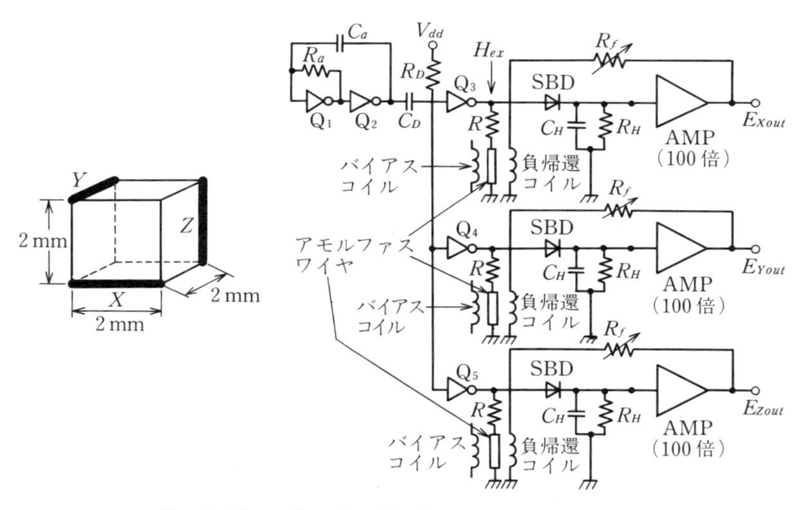

R_a：5.1 kΩ，C_a：100 pF，R_D：200 Ω，C_D：100 pF，
R：10 Ω，C_H：1 000 pF，R_H：510 kΩ，R_f：3 kΩ

図 4.18　アモルファスワイヤ MI 三次元ヘッド CMOS 形磁界ベクトルセンサ

3 個のアモルファスワイヤは，1 個の CMOS IC に内臓された 6 個のインバータのうち，2 個のインバータ（Q_1，Q_2）による方形波発振マルチバイブレータの微分パルスを，他の 3 個のインバータ（Q_3，Q_4，Q_5）でおのおの整形増幅して表皮効果を生じるように通電励磁される。3 個の MI 素子の誘起パルス電圧は，ショットキーバリヤダイオードとホールド回路 R_H，C_H で直流電圧に変換され，増幅器で増幅されて出力電圧 E_{out} となる。

3 軸方向の磁界検出感度は，**図 4.19** に示すように，3 軸のセンサ回路のおの

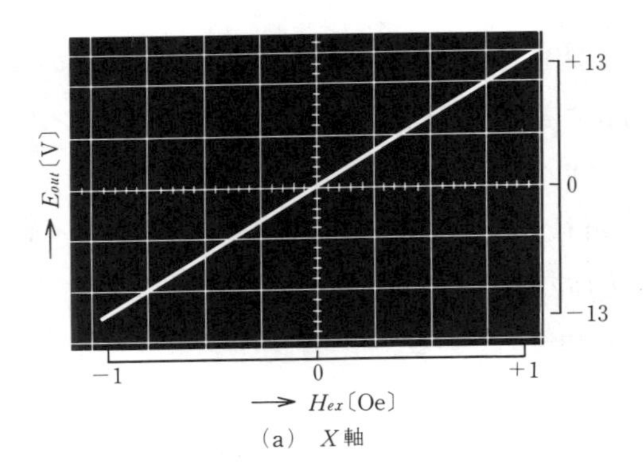

（a）X 軸

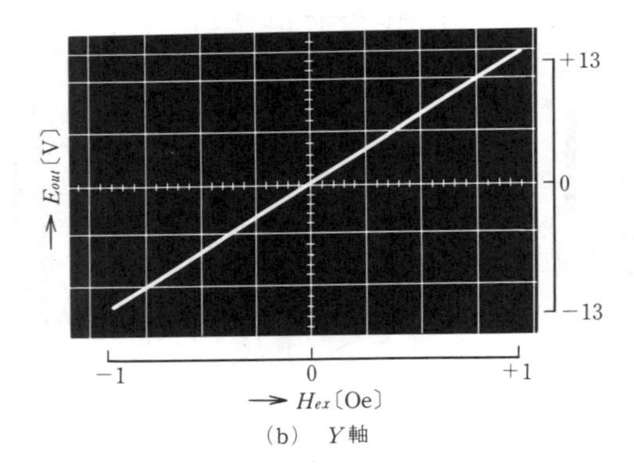

（b）Y 軸

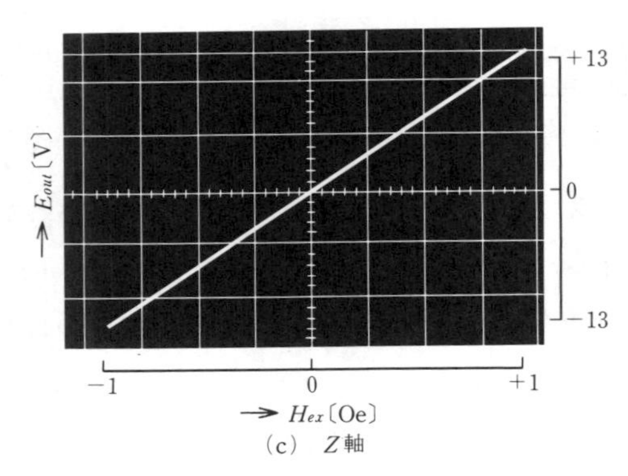

（c）Z 軸

図 4.19　X, Y, Z 軸磁界センサの磁界検出特性

おののの出力電圧に比例した直流電流を，アモルファスワイヤの帰還コイルに通電する負帰還の方法により，すべて同一に設定する。

3個の微小寸法のたがいの直交配置は視覚的には困難なので，磁気検出に関して直交になるように，以下の方法を用いた。

すなわち，ヘルムホルツコイルの中心部にヘッド部を設置し，$E_{X\,out}$ が最大になるよう X ヘッドの角度を調整した後，$E_{Y\,out}$，$E_{Z\,out}$ が零になるよう Y，Z ヘッドの角度を調整する。この方法を，$X \to Y \to Z$ と循環させて3回の調整を行い，ヘッドの角度を固定した。

この磁界ベクトルセンサは，磁界検出分解能は 10^{-6} Oe，応答周波数は100 kHzであり，消費電力は約30 mWである。回路構成は1個のCMOS ICと3個の増幅器が主要部品であり，簡単で安定な回路である。

高感度で微小寸法ヘッドの磁界センサを用いると，磁石の寸法が磁気双極子と見なすことができる距離で，磁石磁界を検出することができる。このときの検出ベクトル磁界は，式（4.16）のように表される。

$$\boldsymbol{H} = \frac{m_0}{r_3}(3\boldsymbol{r}^*(\boldsymbol{m}^* \cdot \boldsymbol{r}^*) - \boldsymbol{m}^*) \tag{4.17}$$

ここに，$m_0 = m/4\pi\mu_0$，$\boldsymbol{r}^* = \boldsymbol{r}/r$，$\boldsymbol{m}^* = \boldsymbol{m}/m$ である。

$\boldsymbol{H}$ の3軸成分から r を特定するためには，式（4.17）を成分ごとに整理し，r を H の関数（E_{out} の関数）として表現して，マイクロコンピュータで演算により実行することになる。

図4.20は，図4.19の磁界ベクトルセンサで，厚さ1 mm，直径3 mmのフェライト磁石（厚さ方向が磁化方向）を，XY 平面内で移動させた場合の測定結果である。XY 平面に限定すると，式（4.17）より次式が得られる。

$$\boldsymbol{H}_X = \frac{m_0}{r^3}(3\cos^2\theta - 1)$$

$$\boldsymbol{H}_Y = \frac{3m_0}{r^3}\cos\theta\sin\theta$$

$$r = (x^2 + y^2)^{\frac{1}{2}}$$

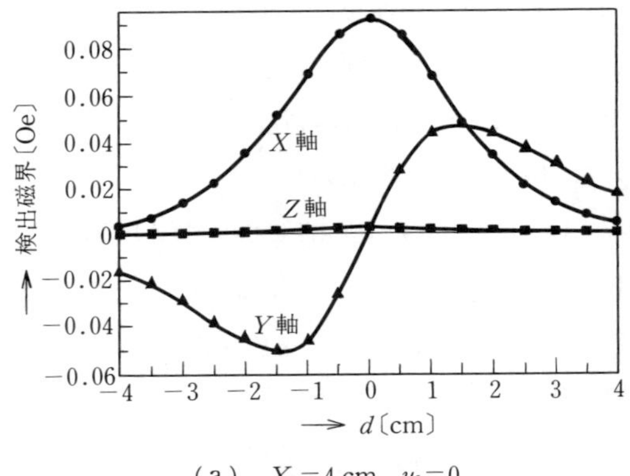

（a）　$X_0=4$ cm，$y_0=0$

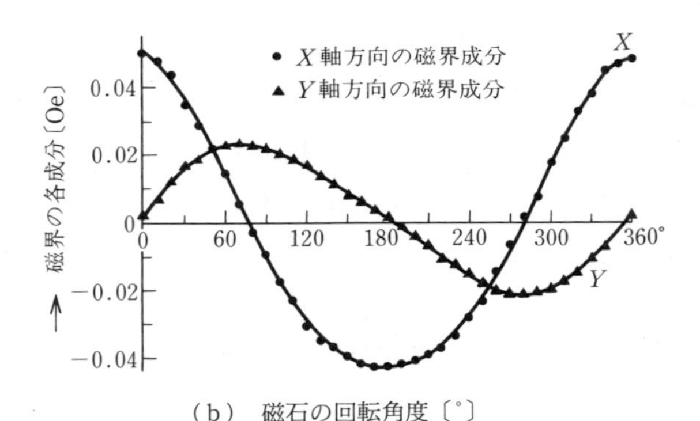

（b）　磁石の回転角度〔°〕

図 4.20　微小磁石の XY 面内運動検出

$$
\begin{aligned}
x &= r\sin\theta \\
y &= r\cos\theta
\end{aligned}
\qquad (4.18)
$$

図（a）は，磁石をヘッド中心から 30 mm 離れた位置で，Y 方向（d）に正，負方向に移動させた場合である。$E_{X\,out}$ は最大値 90 mOe の左右対称形となり，$\boldsymbol{E}_{Y\,out}$ は最大値が 50 mOe で原点対称形である。この測定値は，式（4.18）の数値計算曲線と良く一致している。

図（b）は，X 方向 40 mm の位置で，磁石の磁化方向を XY 平面に限定して 1 回転させた場合の測定結果である。

演習問題

（1）センサ電子回路として対称形の差動形回路が基本形となり，高精度センサとなる。その理由を述べよ。

（2）センサの検出特性の直線性，ヒステリシスの除去，応答速度，温度変動に対する安定性などの向上のため，負帰還回路方式が一般的に使用される。負帰還回路の側を示し，センサ性能が大幅に向上される理由を述べよ。

（3）磁気‐インピーダンス効果センサが，マイクロ寸法ヘッドを用いても高感度センサとなる理由を述べよ。

（4）CMOS IC MI センサの動作原理と特徴を述べよ。

5 トルクセンサ

トルクセンサ（torque sensor）は，回転体の**回転力**（torque，**トルク**ともいう）を検出するデバイスである。トルクの検出は，電動機（モータ）などのトルク発生機器による電磁トルクなどの発生トルク，およびトルク発生機器で駆動されるシャフトに印加される駆動トルクまたは負荷トルクに対してなされる。

近年，工業技術の高度化のために，センサを人工の感覚器として用いた知能化計測・制御が多方面で進められているが，自動車，電車，工業用ロボット，工作機械，半導体製造装置，複写機やファクシミリなどのOA機器，VTR，医用・福祉機械などのメカトロニクス分野におけるトルク制御の知能化のために，トルクセンサの開発が精力的に進められている。

このような回転機械の制御に関しては，1980年代にまず速度制御（可変速制御）が盛んに研究開発され，種々のサーボ機械が実用化された。次いで，1990年代に入り，制御研究の主流がトルク制御に移行しつつある。

この流れはセンサの発展状況を反映しており，エンコーダやレゾルバを含めた速度センサは急速に発展しているが，トルクセンサはより高度技術が要求されるため，非常に限定された実用化が始まったばかりである。

以上のように，トルク制御の重要性が増している現在，トルクセンサはメカトロニクスの最重要センサといわれており，その基本原理と基礎特性および応用センシングなどを理解することは特に必要である。

5.1　トルクセンサの原理と分類

現在までに使用または提案・研究されているトルクセンサを大別して分類すると，以下のようになる。

（1）　モータの発生トルクセンサ（電磁トルクセンサ）

モータ磁束と回転子(ロータ)電流をそれぞれ磁気センサで非接触検出し，積演算などでトルクを検出する。

（2）　シャフトのねじれ角検出形トルクセンサ

鋼シャフトなどの磁性シャフトやチタン，ステンレス，アルミニウム，エンジニアリングプラスチック，セラミックスなどの非磁性シャフトのトルクを検出するセンサとして，トルクに比例するシャフトのねじれ角を検出する方式のセンサである。

この方式のトルクセンサは，シャフトが10 cm以上の比較的長い場合に使用され，磁歪形トルクセンサに比して温度変動の問題が少ない。

（3）　シャフト回転変位の電磁気検出形トルクセンサ

トルクに比例するシャフトのねじれを，インダクタンスやキャパシタンスの変化に変換する電磁方式トルクセンサである。シャフトの特定の箇所で，大きな回転変位が発生するような加工が必要である。

（4）　磁歪形トルクセンサ

焼入れ鋼などの磁性シャフトにおける磁歪の逆効果を利用したトルクセンサや，磁性または非磁性のシャフトの表面の張付けやめっき，スパッタ，プラズマ溶射などの手法により，磁歪層または磁歪膜を形成したトルクセンサである。

シャフトが数cmの短い場合でも構成できるので，現在最も広く開発が試みられている。磁歪形トルクセンサの問題は，シャフトの熱勾配によりトルクが印加されない場合でも，センサ出力が発生することである。温度勾配によるセンサ出力の変動をいかに補償するかが実用化のかぎになる。

1995年頃から，松下電器産業（株）のねじ締めロボット用トルクセンサ，および久保田鉄工（株）のトルクセンサが発売されている。

以下に，それぞれのトルクセンサの基本原理と基礎特性および応用分野を概説する。

5.2　モータの発生トルクセンサ

モータの発生トルク（電磁トルク）[20] T_{em} は，モータ磁束 ϕ とロータ電流（二次電流）I_2 の外積（$T_{em}=\phi\times I_2$）である。そこで，ϕ および I_2 を磁気センサで検出すれば T_{em} の大きさが検出され，トルク制御ができる。

最近のモータ制御では，ブラシレス構造である**誘導モータ**(induction motor, 略して **IM**)のトルク制御が特に重要であり，電気学会の産業応用部門大会や国際パワーエレクトロニクス会議(International Power Electronics Conference, 略して IPEC）の大多数の研究発表が，トルク制御に関するものである。

この場合の主要課題がロータ抵抗の温度変動の補償法の確立であるが，有効な方法は未開発である。ロータ抵抗に無関係にトルク制御ができる方法が，上記のセンサを用いる方法である。

IM の駆動はインバータによって行われるが，数十 kW 以下の中小形 IM に対する最近の汎用インバータ（一次電圧 V/駆動周波数 f＝一定）は，**パルス幅変調**（pulse width modulation，略して PWM）**インバータ**である。このインバータでは，ϕ の大きさ（$|\phi|$）がほぼ一定なので，T_{em} の大きさ $|T_{em}|$ は $|I_2|$ に正比例する。この場合，I_2 センサが発生トルクセンサである。

I_2 の検出は，磁界センサヘッドを IM のロータのエンドリング近傍に設置して，エンドリング内を流れる I_2 に比例する磁界を検出することで実施される。この I_2 センサにはつぎの条件が必要である。

（a）　IM 内部の動作温度は－50～180°Cの範囲で変化するので，この温度変化において磁界センサの感度は一定であること。

（b）　インバータ電流はスイッチング周波数が 15 kHz のパルス列波形なので，

センサの遮断周波数は 150 kHz 以上が必要であること。

（c） センサヘッドは，エンドリングモータシャフトの間の空間に固定するので，数 mm 以下の微小寸法であること。

（d） モータ使用環境は電磁気的にも苛酷なので，電源ラインから雑音を拾わないよう，センサ回路は直流電圧源で動作する方式が望ましいこと。

これらの条件を満たすセンサヘッド用磁性体は，アモルファス磁性体（特にワイヤ）である。**図 5.1** は，120 μm 径，6 mm 長の零磁歪アモルファスワイヤに，直接被覆銅線コイルを巻き回した磁心入りコイルをセンサヘッド（非線形インダクタンス）とした，2 ヘッド磁気マルチバイブレータブリッジ形磁界センサであり，強負帰還回路を付加して，直線性，応答速度，温度安定性，零ドリフト抑制などをすべて向上させたものである。

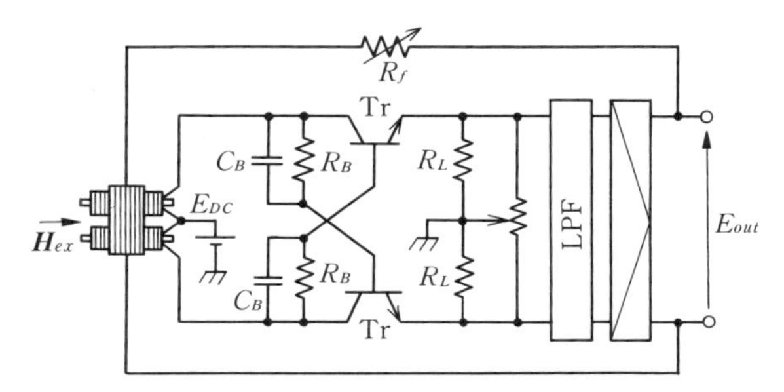

図 5.1 誘導電動機の二次電流センサ回路（アモルファス磁心マルチバイブレータ）

この 2 磁心マルチバイブレータは，2 個のスイッチングトランジスタの交互のオン・オフによる安定な自己発振回路であり，各磁心は，一方向励磁により，主として回転磁化領域で動作するので，鉄損が小さく高周波動作が容易である。コイルのインダクタンス L とキャパシタンス C によって，発振周波数は，ほぼ $1/(\pi\sqrt{LC})$ で決定される。アモルファスワイヤ磁心を用いると，発振周波数は 1 MHz 程度まで上げることができるので，磁界検出を発振周波数を搬送周波数とする振幅変調・検波で行う場合は高速応答ができる。この場合，遮断周波数は発振周波数の約 1/10 なので，100 kHz 程度の高速応答が実現される。

図 5.2 は，ヘッドの周囲温度を液体窒素温度（−196°C）から 180°C まで変化させた場合の，図 5.1 のセンサの磁界検出特性である。

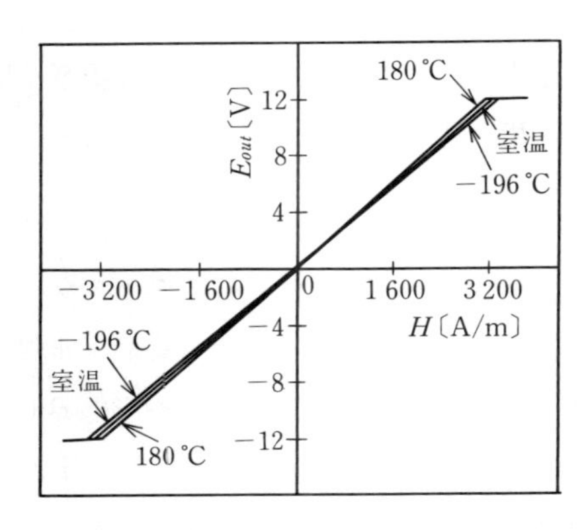

図 5.2　誘導電動機二次電流センサの磁界検出特性

強負帰還ループによるセンサの磁界検出感度は，出力電圧を E_{out}，印加磁界を $\boldsymbol{H}_{ex}$，帰還回路抵抗を R_f，ヘッドの帰還巻線の巻回数およびコイル高さを N_f および l とすると，信号のループ一巡利得が 1 より十分大きい場合には次式が成り立つ。

$$\frac{E_{out}}{\boldsymbol{H}_{ex}} = R_f \frac{l}{N_f} \tag{5.1}$$

R_f はモータ外部に設置するので，温度変動の影響は小さい。式（5.1）により，センサの感度は R_f で自由に調整され，直線性，温度安定性に優れた特性をもつ。応答速度は，マルチバイブレータブリッジの遮断周波数を f_c，ループ一巡利得を $A(\gg 1)$ とすると，強負帰還によりセンサ全体の遮断周波数は $f_c(1+A)$ に高くなる。

磁界検出範囲は，エンドリングの I_2 による磁界 $\boldsymbol{H}_2(=I_2/2\pi r$；$r$ はエンドリングとヘッドとの距離）を十分検出するものであり，例えば 1.5 kW の IM では $I_2=150$ A，$r=1$ cm では $H_2 \fallingdotseq 30$ Oe である。

図 5.3 は，I_2 センサによる IM の速度センサレス定常トルク制御系であり，IM の温度変動に無関係に正確な定常トルク制御が行われる。

磁界センサヘッドとしては，1993 年に見いだされた MI 効果によるアモルフ

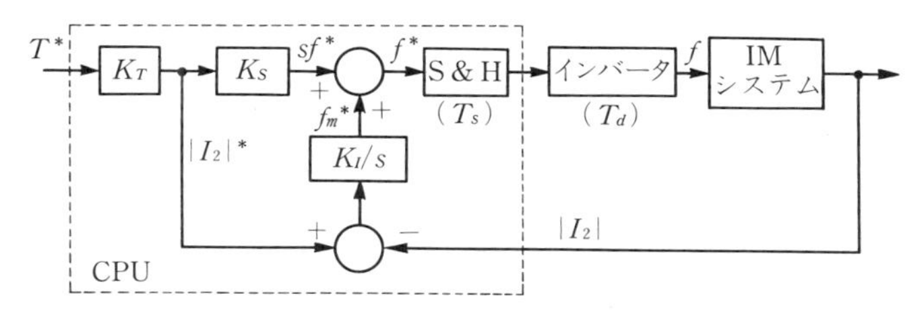

図 5.3　二次電流帰還形誘導モータの定常トルク制御系

ァスワイヤ MI 素子を用いると，発振周波数は数十 MHz 程度が容易であり，数百 kHz の遮断周波数が得られる。

この MI 磁気センサを IM の外側で回転子軸端部近傍に設置すると，回転子電流に比例した微弱磁界が検出される[21]。この磁気信号の周波数はすべり周波数に一致するので，高安定な周波数（速度）制御や定常トルク制御ができる[22]。

5.3　シャフトのねじれ角検出形トルクセンサ

長さ l，直径 D，剛性率 G のシャフトに，トルク T が印加されたときの弾性ねじれ角 $\varDelta\theta$ は，次式で表される。

$$\varDelta\theta=\frac{32l}{\pi GD^4}T \tag{5.2}$$

自動車のエンジントランスミッションシャフト(焼入れ鋼 S 45 C；$D=3$ cm, $G\fallingdotseq10^9$ kg/m^2) を例にとると，2 000 cc 級の乗用車の場合は，T の最大値 150 kg･m に対して，$l=20$ cm での $\varDelta\theta$ は 1～2° 程度である。したがって，精度 1% のトルクセンサでは，$\varDelta\theta$ 検出の分解能は 0.01° 程度が必要である。

この角度分解能は，シャフト 1 回転（360°）あたり 36 000 パルスを発生する高分解能のロータリエンコーダに匹敵するものであり，高性能の角度センサが必要である。

図 5.4 は，アモルファスワイヤを用いた高性能ねじれ角検出形トルクセンサである。$D=2$ cm の S 45 C シャフトの 2 箇所(間隔 20 cm)に 40 極に着磁されたリング磁石を設置し，各磁極に，図 5.1 の場合と同様なアモルファス磁心を

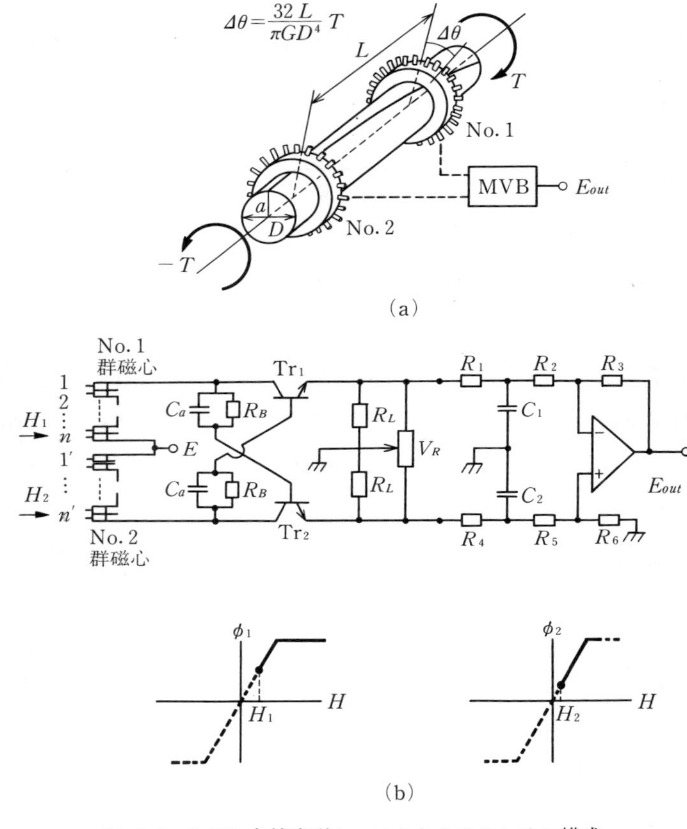

図 5.4　ねじれ角検出形シャフトトルクセンサの構成

対向させ，コイルを直列接続して，多磁心マルチバイブレータブリッジ磁界センサ回路を構成する[23]。

この放射状の磁心入りコイルの直列接続系の磁界センサは，つぎの特徴をもつ。

（1）　地磁気などの外乱磁界を相殺し，中心部から放射状に発生する磁石磁界のみを検出する（磁気シールドなしで選択検出する）。

（2）　磁石の着磁むらを平均化して，磁極の強さを均一にする。

この特徴により，角度検出分解能は0.007°が実現された。しかし，図のヘッド構成センサの出力電圧は，シャフトの回転速度に依存する。

図 5.5 は，図 5.4 のリング磁石－放射状磁心の組合わせを 2 組用いて二相出力とし，4 個の磁界センサの出力電圧の積和演算により，シャフトの回転速度に依存しないねじれ角検出形のトルクセンサを構成したものである。

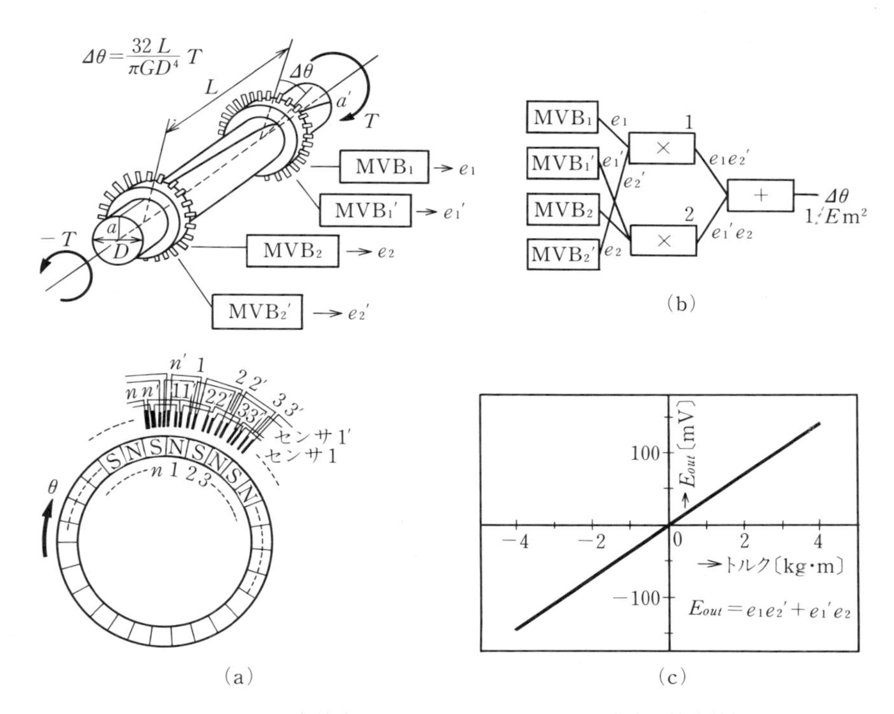

図 5.5 ねじれ角検出形シャフトトルクセンサの構成と検出特性

すなわち，シャフトの基準位置における二相出力電圧 $e_1 = E_m \sin \omega t$，$e_1' = E_m \cos \omega t$，および基準位置から l だけ離れた位置における二相出力電圧 $e_2 = E_m \sin (\omega t - \Delta\theta)$，$e_2' = E_m \cos (\omega t - \Delta\theta)$ に対して，トルクセンサ出力電圧は

$$E_{out} = e_1 e_2' + e_1' e_2 = E_m{}^2 \sin \Delta\theta \fallingdotseq E_m{}^2 \Delta\theta = \frac{32 l E_m{}^2}{\pi G D^4} T \qquad (5.3)$$

となって，シャフトの回転速度（回転角周波数 ω）に無関係に，トルク T が検出される。

図 5.6 は，図 5.5 のトルクセンサを用いて 1.5 kW，4 極形誘導モータに直流発電機を負荷とした場合の 60 Hz 駆動における定常トルク検出結果を示す。

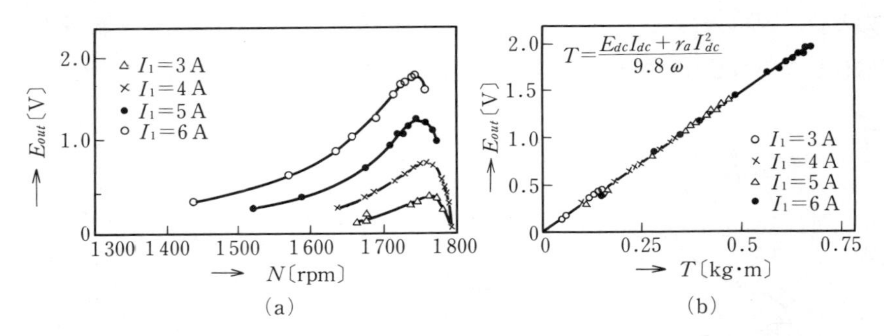

図 5.6　ねじれ角検出形シャフトトルクセンサによる誘導モータのトルク検出特性

以上のように，高精度・高信頼性の角度センサを用いれば，ねじれ角検出形のトルクセンサが構成される。ねじれ角検出形トルクセンサは，シャフトの材質（磁性体，非磁性体，金属，非金属）に無関係に弾性変形するものであれば，汎用的に適用できる。このねじれ角は一般に小さく，強度を重視した焼入れ鋼シャフトの場合は 1〜2°以下なので，高精度の角度センサが必要である。

角度センサとしては，工業的にはロータリエンコーダが一般的であり，光学式や磁気式エンコーダが多用されている。高精度のエンコーダとしては，従来スリット円盤の両側に発光ダイオードおよびホトトランジスタを配した光学式が使用されてきたが，円盤を含めたセンサ全体が大形であることや，湿気やゴミなどの悪環境では誤動作しやすいことなどのため，近年では磁気式が主流になりつつある。

最近の磁気式エンコーダの例では，リング磁石の着磁間隔が約 30 μm まで微小化され，外径 30 mm の磁石では着磁数は 3 140 であり，その表面磁界は MI 素子ヘッドで十分検出できる。この場合，MI 素子による表面磁界の円周方向分布波形は正確な正弦波となるので，サンプリング技術により角度検出精度は容易に 0.01° が得られる。

一方，ねじれ角検出形トルクセンサは，長さが数 cm 以下の鋼シャフトのように，短い高剛性シャフトに対しては角度検出精度が十分とれないことがある。また，強度をある程度減少させてもよい場合は，トーションバーを用いてねじれ角を拡大することができ，比較的短いシャフトのトルクを高精度に検出することができる。

短いシャフトのトルクセンサには，後述する磁歪式（5.5 節）が小形化の面で有利であると期待され，近年盛んに研究されている。この場合，ねじれ角検出形では問題とならなかったシャフトの温度変動（特に温度勾配）による，センサ出力変動の補償が問題となる。

5.4　シャフト変位の電磁気検出形トルクセンサ

シャフト変位の電磁気検出形トルクセンサは，自動車のパワーステアリング用のトルクセンサとして 1980 年代から使用されているセンサであり，ねじれ角検出形および磁歪形より先行している。

このトルクセンサを適用するシャフトは，特殊形状に加工されている。シャフトは 1 箇所を切断し，ばねを介して再結合されており，トルクが印加されると，ばね両端のシャフト面の相対変位が最大数 mm の大きな値を示す。このばねの一端のシャフト表面に固定されたケイ素鋼などの高透磁率磁性体片が，トルクに比例して，ばねの他端に固定されたコイル内を移動し，差動変圧器の原理でトルクが検出される。

このトルクセンサは，シャフトをばねを介して接続する特殊加工をしなければならないこと，シャフトの強度が低下すること，ばねのためシャフトを余分に回転させなければならず即応性に欠けること，コイルのリード線がハンドルの回転（最大 2.5 回転）に伴ってシャフトに巻き付き，ハンドルの逆回転により，いったんほどけてまた逆回転に巻き付くなど，配置が安定でなく，故障の原因になる可能性があることなどの諸問題がある。そのため，シャフトを加工せず，かつ非接触で検出できるトルクセンサに変更する要求が高まっている。

5.5　磁歪式トルクセンサ

シャフトにセンサ部を設置する場所が限定される場合や，シャフトが比較的短い場合には，磁歪トルクセンサが有利であると考えられ，ここ10年来多くの研究発表がなされてきた。式 (5.2)，(5.3) のトルクセンサと異なり，磁性体シャフトの磁歪の逆効果または磁性体，および非磁性体シャフトの表面に種々の方法で磁歪層を形成して，その磁歪層の磁歪の逆効果を利用する。

いま，直径 D，剛性率 G，ヤング率 Y，磁歪 λ をもつ磁性シャフトにトルク T を印加すると，その単位長あたりのねじれ角は，式 (5.2) で $l=1$ とおいた $\Delta\theta$ であり，せん断ひずみ ξ は次式で表される。

$$\xi=\frac{D}{2}\Delta\theta=\frac{16T}{\pi GD^3} \tag{5.4}$$

せん断応力 σ は，ポアソン比を ν とすると

$$\sigma=Y\xi=\frac{16(1+\nu)T}{\pi D^3} \tag{5.5}$$

であり，シャフト軸に対して±45°方向に生じる。

ここで，**図 5.7** の磁化回転モデルで，磁歪の逆効果を数式化する。

σ_r をシャフトの残留応力，ϕ をそのシャフト軸に対する角度，M_s を飽和磁化，

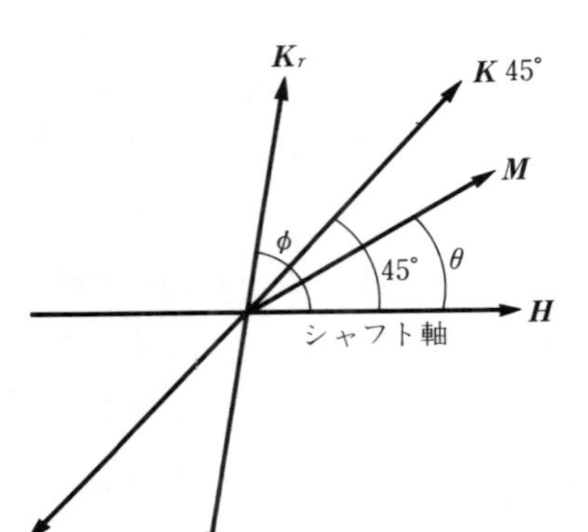

図 5.7　磁歪の逆効果による磁化ベクトルの回転モデル

$\boldsymbol{H}$ をシャフト軸方向励磁磁界，磁化ベクトル $\boldsymbol{M}$ のシャフト軸に対する角度を θ とすると，全磁気的エネルギー E は，

$$E(\theta) = -M_sH\cos\theta - 3\lambda\sigma\cos^2\left(\frac{\pi}{4}-\theta\right) - 3\lambda\sigma_r\cos^2(\phi-\theta) \tag{5.6}$$

である。E を最小にする θ を $\theta^*\{\partial E(\theta^*)/\partial\theta=0\}$ とすると，$\boldsymbol{H}$ 方向の磁化は $M_s \cos\theta^*$ である。

$\phi=\pi/2$ の場合は，$\cos\theta^*=x$ とすると，x は次式の解（$x>0$）である。

$$M_sH\sqrt{1-x^2} - 6\lambda\left\{\frac{\sigma}{\sqrt{2}}(2x^2-1) + \sigma_r\, x\sqrt{1-x^2}\right\} = 0 \tag{5.7}$$

シャフトの $\pm 45^\circ$ 方向にしま状の溝を形成すると，形状異方性によって，$\phi=\pi/4$ となることが考えられるので，x は次式を満たす。

$$M_sH\sqrt{1-x^2} = 3\sqrt{2}\,\lambda(\sigma+\sigma_r)(2x^2-1) \tag{5.8}$$

いま，微小磁界 $\varDelta H$ を印加すると，$x=\cos(\theta_0-\varDelta\theta)$，$\theta_0=\pi/4$，$\varDelta\theta \ll \theta_0$ であるから，$x=x_0+\varDelta x$，$x_0=1/\sqrt{2}$，$\varDelta x \ll x_0$ であり，式 (5.7) より磁束密度変化分 $\varDelta B(=B_s\varDelta x)$ と $\varDelta H$ の比，すなわち増分透磁率 $\varDelta\mu$ は次式で表される。

$$\varDelta\mu = \frac{\varDelta B}{\varDelta H} \fallingdotseq \frac{B_sM_s}{12\sqrt{2}\,\lambda}(\sigma_r+\sigma) \fallingdotseq A(1-\alpha T) \tag{5.9}$$

ただし，$\varDelta H \ll 12\lambda(\sigma_r+\sigma)/M_s$，$\sigma_r \gg \sigma$，

$$A = \frac{B_sM_s}{12\sqrt{2}\,\lambda\sigma_r}$$

$$\alpha = \frac{16(1+\nu)}{\pi D^3\sigma_r} \tag{5.10}$$

とする。

式 (5.9) より，式 (5.10) の条件の下では，磁歪材の増分透磁率が印加トルクに正比例し，トルクが磁気的方法によって検出されることになる。シャフトの 2 箇所にシャフト軸に対して 45° および −45° のしま状磁歪層を形成すると，おのおのの増分透磁率 $\varDelta\mu_1$，$\varDelta\mu_2$ は

$$\varDelta\mu_1 = A(1+\alpha T)$$

$$\varDelta\mu_2 = A(1-\alpha T)$$

であり，交流励磁に対しておのおののピックアップコイルの誘起電圧の差をとると，$\delta\mu(=\varDelta\mu_1-\varDelta\mu_2=2\alpha AT)$ に比例したトルクセンサ出力電圧が得られる。

以下に，この磁歪式トルクセンサの基本的な例を，4 種類に分けてその原理的動作を概説する。

5.5.1　O’Dahle トルクセンサ

図 5.8 は，スウェーデンの O’Dahle によって提案された歴史的な磁歪トルクセンサの原理図である[24)]。

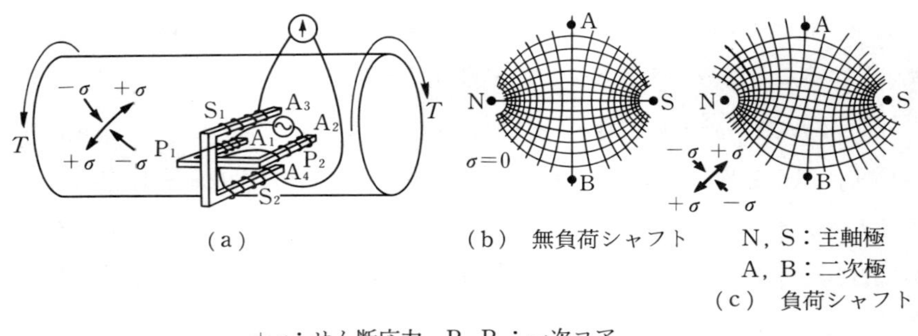

（a）　　（b）　無負荷シャフト　　N，S：主軸極
A，B：二次極
（c）　負荷シャフト

$\pm\sigma$：せん断応力　P_1, P_2：一次コア
T：トルク　S_1, S_2：二次コア
$A_1 \sim A_4$：エアギャップ

図 5.8　O’ Dahle の磁歪式トルクセンサの原理

磁歪シャフトの表面近傍にギャップをもたせて，十字脚をもつ高透磁率磁心を空間に固定し，たがいに対角位置の磁心端間のシャフト表面層を，励磁コイル電流によってシャフト軸に関して±45° 方向に交流磁化する。この交流磁化による交流磁束変化は，透磁率に比例した電圧をピックアップコイルに誘起する。

トルク T が印加されると，磁歪が正のシャフトでは，T によって張力が誘起される励磁路の透磁率（増分透磁率）が増加し，他方が圧縮力が誘起されて減少するので，二つのピックアップコイルの電圧の差が 2 倍の感度が T に比例し，トルクが検出されることになる。

このトルクセンサは，単純な構成で，巧みに応力 - 磁気効果（磁歪の逆効果）を利用するものであるが，実用にあたっては，以下のような問題が解決されな

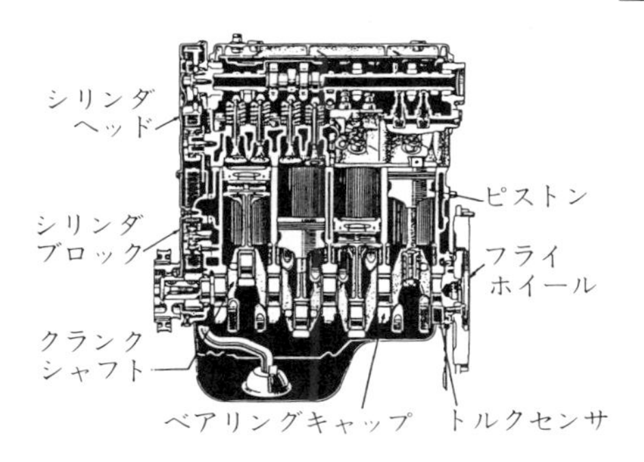

（i） センサ位置：リアメイン
ベアリング

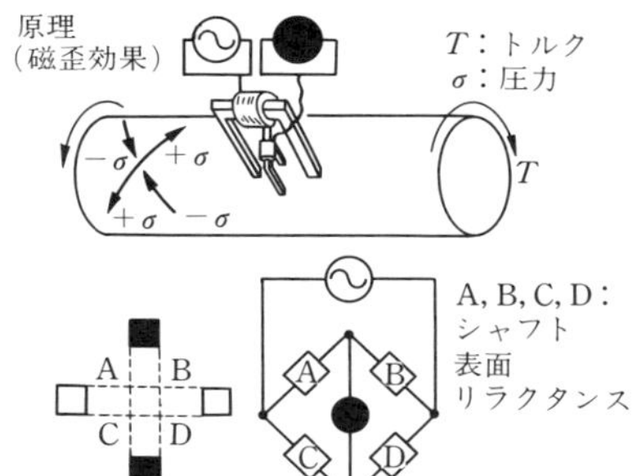

（ii）

（a）

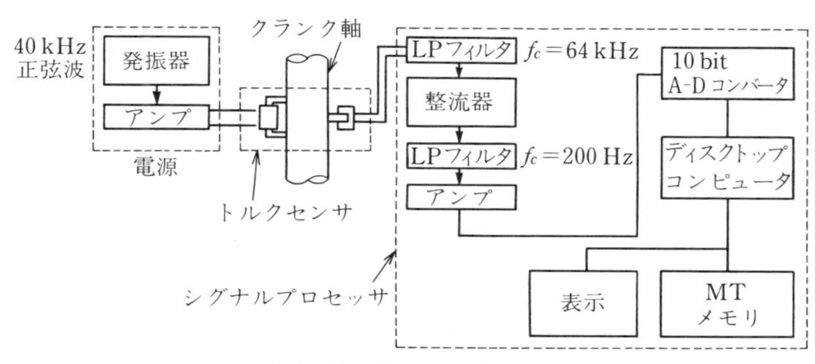

（i） 加 算 信 号 効 果

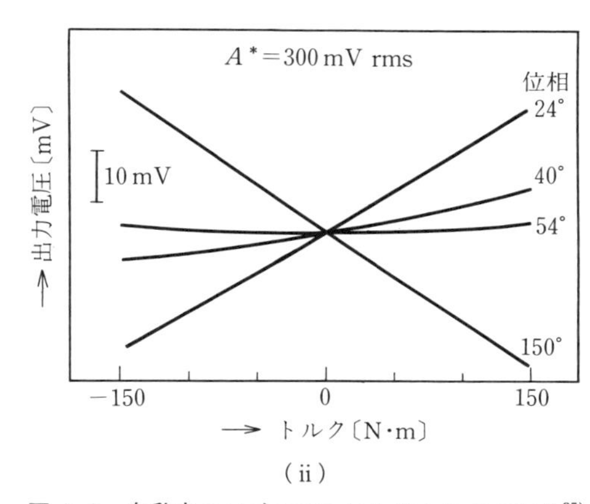

（ii）

図 5.9 自動車エンジンシャフトのトルクセンサ[25)]

ければならない。

（1） 焼入れ鋼などのシャフトは，強度優先で処理されており，磁気特性は考慮されていない。したがって，シャフトの円周方向の磁気特性の分布には大きなばらつきがあるので，トルクセンサの出力電圧の円周方向に関するばらつきを補償する必要がある。この補償は，シャフトの円周方向に数個のセンサヘッドを設置してコイルを直列接続すれば可能であるが，価格が上昇する。

（2） シャフトの回転軸ぶれによりセンサヘッドとシャフト間隔が変動し，センサ出力が変動する問題がある。これも，複数のヘッド配置で，ある程度緩和されそうであるが，価格が上昇する。

（3） 強度優先の磁性シャフトは，透磁率が低く，センサ出力電圧の信号対雑音比(SN 比)が低い。また，センサ出力電圧とトルク変化の関係にヒステリシスが出やすい。

図 5.9 は，豊田中央研究所で研究されている自動車のエンジンシャフトのトルクセンサであり，図 5.8 に示した形のセンサである。信号処理をマイクロコンピュータで行い，トルクの線形検出を試みている。

また，クボタ（株）では，鋼シャフトの 2 箇所に，シャフト軸に対して±45°のしま状溝を形成し，シャフト周囲に励磁および検出コイルを配置した計測用トルクセンサを実用化し，1995 年より市販を開始した。

5.5.2 しま状磁歪層をシャフト表面に形成したトルクセンサ

O'Dahle のトルクセンサの問題を解決する手段として，シャフトの表面に高透磁率磁歪層を形成してセンサの SN 比を高め，シャフト円周方向の磁気特性ばらつきを減少させる方法が広く試みられた。これを 1991 年に松下電器産業(株)は，ねじ締めロボット用に実用化させた。**図 5.10** にその概略を示す。

シャフト軸に関して，それぞれ 45° および−45° 方向に，細いアモルファス磁歪リボンをしま状に並列して強固に張り付けた 2 箇所の磁歪効果部分に，ピックアップコイルを空間に固定し，全体を励磁コイルの交流電流で磁化する。トルクが印加されると，2 箇所のアモルファスリボンが，式 (5.9) による透磁率

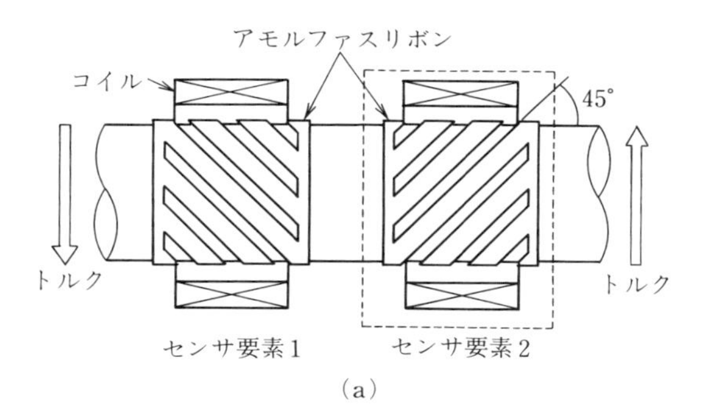

（a）

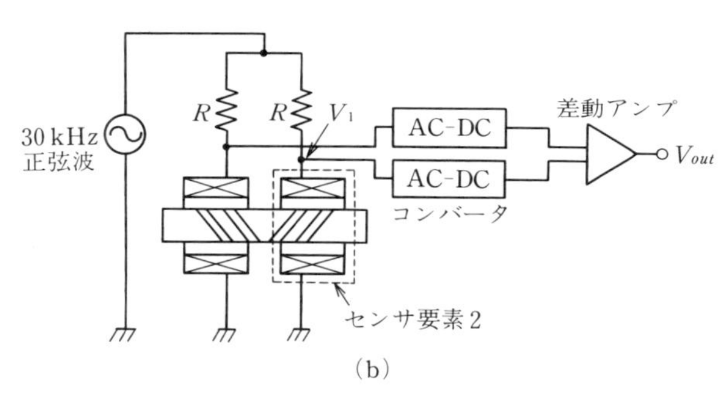

（b）

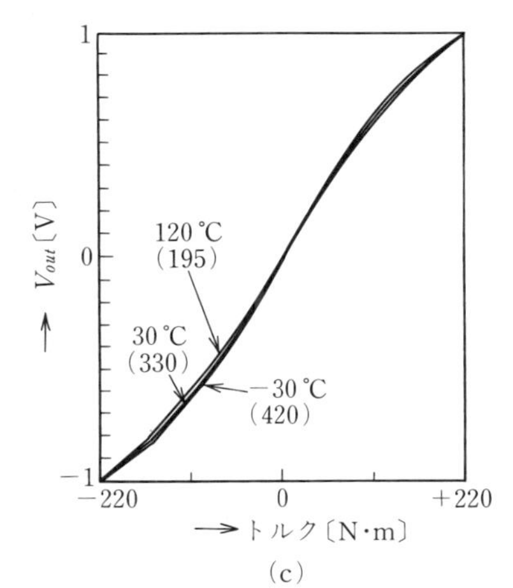

（c）

図 5.10　アモルファスリボンによるねじ締めロボット用トルクセンサ[26)]

の増加と減少をそれぞれ示し，そのピックアップコイルの差電圧がトルクに比例する。トルク検出部全体は銅筒で覆われ，外部からの電磁ノイズのシールド効果をもたせている。

アモルファスリボンをシャフトに接着する場合は，シリコン系接着剤によって強固な接着が必要であり，また，接着後のアモルファスリボンとシャフトの接着面の残留応力に注意する必要がある。

図のトルクセンサでは，正の磁歪をもつ鉄系のアモルファスリボンに接着することにより，面内に圧縮応力が残留するよう接着剤を選択している。

この圧縮応力により，アモルファスリボンの面に垂直に磁気異方性が誘導さ

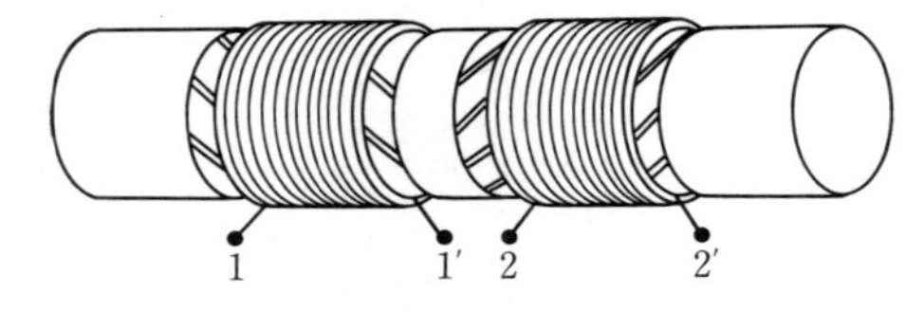

(a)　励磁・検出コイル

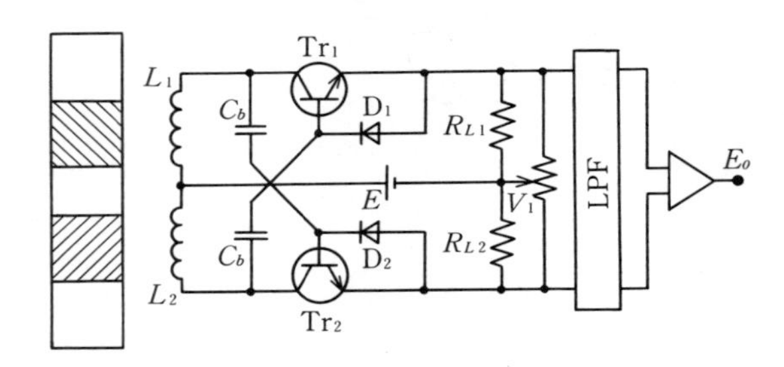

(b)　MVB 回路

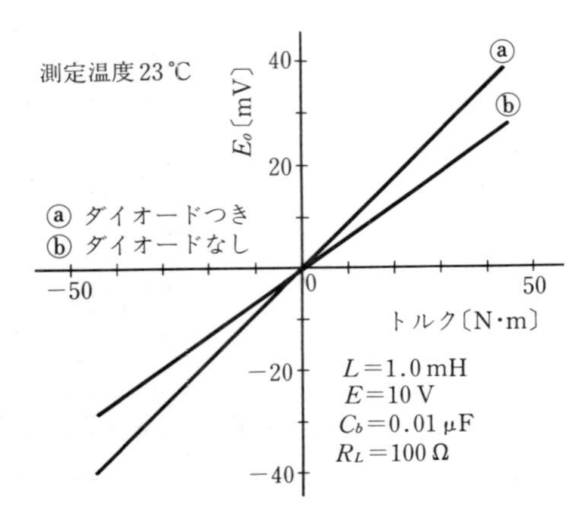

(c)　トルク検出特性

図 5.11　磁気マルチバイブレータ形トルクセンサ

れ，面内の励磁磁界に対して磁化回転が起きるようにしている。これは，アモルファス磁性体では磁壁振動が不安定であり，磁化回転が安定である性質を利用したものである。

図 5.11 は，図 5.10 と同様に，シャフト軸に関して±45° 方向のしま状磁歪層を形成し，励磁コイルとピックアップコイルを兼ねた，おのおの 1 個のコイルのインダクタンスで構成した磁気マルチバイブレータによるトルクセンサである。

しま状磁歪層は，アモルファス磁歪リボンの接着，またはクロム入りパーマロイを低圧プラズマ溶射で強固に形成している。この 2 磁心マルチバイブレータブリッジ回路では，2 個のコイルは交互に一方向電流が流れるので，磁歪層は磁化回転で動作し，BH ヒステリシス損が小さく，高速励磁（高周波励磁）ができること，トルク検出の線形性が高いこと，直流電圧源で動作するので携帯可能なこと，などの特徴がある。

図 5.12 は，しま状の磁歪層を形成せずにシャフトに磁歪リングを設置し，リング円周方向に初期設定された磁化ベクトルが，トルクによって 45° 方向に回転することにより，トルクに比例して現れるリングのエッジの磁極の強さをホー

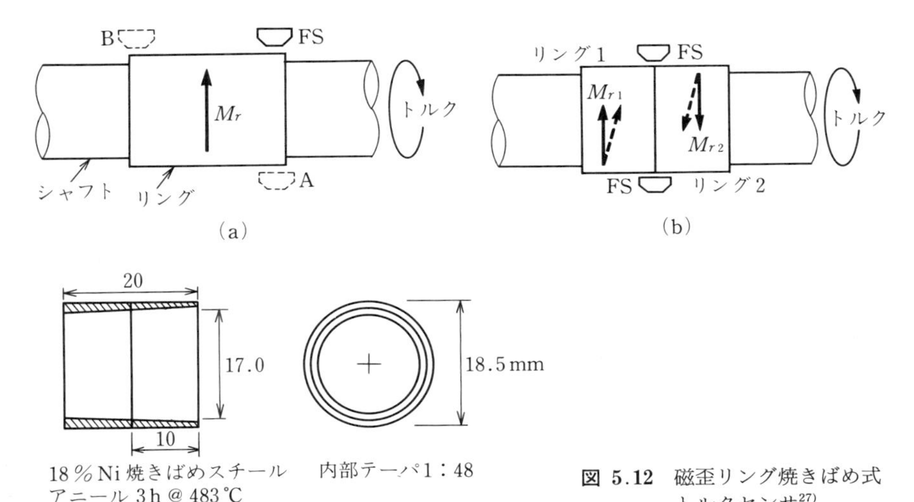

図 5.12 磁歪リング焼きばめ式トルクセンサ[27)]

ル素子で検出する方式のトルクセンサである。

簡単な構成であるが，リングとシャフトの接着法，残留応力の温度変動，ホール素子の温度特性，シャフトの軸ぶれの影響などの諸問題がある。

磁歪利用のトルクセンサを実用化する上で最終的に問題となるのが，トルク検出の温度変動の問題である。シャフトの温度変動が一様であれば，2個のピックアップコイルの誘起電圧の和が温度に比例することから容易に補償できるが，自動車のエンジンシャフトやパワーステアリングなどのように，温度勾配がある場合は補償困難である。この場合，特にトルク検出特性のゼロ点の変動が著しい。

この対策としては，現在以下のような方法がとられている。

（1）　磁歪層を1箇所とし，ピックアップ銅線コイルの抵抗の温度上昇を利用して，磁歪層の磁気特性の温度変動を相殺する。

（2）　シャフト表面の温度に比例する電圧を検出して補償する。

演　習　問　題

（1）　トルクセンサの種類とそれぞれの動作原理を簡単に述べよ。

（2）　磁歪式トルクセンサの基礎となる磁歪の逆効果（透磁率変化）を説明せよ。

力学量センサおよび磁気センシング

磁性体によるセンサは，磁性体が安定で高信頼性の物質であること，磁力線による安定で高精度の非接触検出ができること，量産が容易であること，などの優れた特質をもつので，磁界や電流などの検出だけでなく，位置や応力，速度・加速度，温度などの力学量の検出にも広範囲に使用されている。

ここでは，変位，ひずみ，距離，応力，振動などの力学量を検出する磁性体センサの原理と，アモルファス磁性体による新しいセンサの基礎特性およびセンシング応用を概説する。

6.1 ひずみゲージ

ひずみゲージ（strain gauge，**ストレーンゲージ**ともいう）は，変形する物体に接着して物体表面の微小な変形（ひずみ）を検出するセンサである。金属や構造材料などの引っ張り試験による変形の計測や，ダイアフラムに接着して流体の圧力を検出すること，ひずみシャフトに接着してトルクを計測すること，などに広く使用されている。

ひずみゲージは，伝統的にニッケルクロム合金線などの非磁性体の抵抗線ひずみゲージが使用されていたが，ひずみに対する電磁気的パラメータの変化率の比，すなわち**ゲージ率**（gauge factor）が約 2 と低い値であるため，ひずみの検出感度は低い。すなわち，抵抗線の電気抵抗率 ρ および体積が，変形によらず一定であるとすると，張力による長さの増加 $l_0+\Delta l$（$\Delta l \ll l_0$）および半径の減少 $a_0-\Delta a$（$\Delta a \ll a_0$）に関して，$\Delta a/\Delta l \fallingdotseq a_0/2l_0$ が成り立つので，電気抵抗

$R\,(=\rho l/\pi a^2)$ の変化率は次式で表される。

$$\frac{(R-R_0)}{R_0} \fallingdotseq \frac{2\Delta l}{l_0} \tag{6.1}$$

したがって，ゲージ率は約 2 である。

これに対して 1980 年頃に，シリコンなど半導体のピエゾ抵抗効果を利用した半導体ひずみゲージが実用化された。ゲージ率は約 200 であり，抵抗線ひずみゲージの 100 倍の感度をもつ超高感度センサの出現である。半導体ひずみゲージの特徴は，高感度性に加えて，半導体の微細加工技術により数十 μm 厚のダイアフラムと，拡散法でゲージ素子を集積させた超小形の圧力センサが作成できることであり，現在，自動車や家電などの分野で多数使用されている。

この半導体圧力センサの定格は，最高感度のもので定格 100 gf/cm² 程度，水圧数 cm である。

図 6.1 は，シリコン集積化圧力センサの外観図である。シリコン基盤を裏側からエッチングによって削り，厚さ数十 μm，直径数 mm の薄いダイヤフラムを作成した後，ダイヤフラムの表側にブリッジ構造のピエゾ抵抗素子を拡散法で形成して，小形圧力センサを構成している。

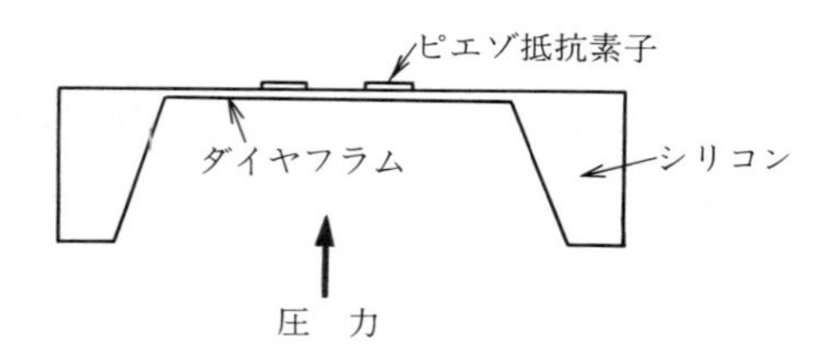

図 6.1　半導体圧力センサ

磁性体によるひずみゲージは，1997 年に 30 μm 径の負磁歪 CoSiB アモルファスワイヤに表皮効果を生じる高周波電流を通電する方式で，ゲージ率が 1 200 程度に達する半導体ゲージの，6 倍の感度をもつ**超高感度ゲージ**（stress-impedance effect gauge，**SI ゲージ**ともいう）が発明された。20 μm 径ワイヤではゲージ率が 4 000 以上である。

その原理は，表皮効果時のワイヤのインピーダンスの大きさが $\sqrt{\omega\mu}$（ω：通電電流の角周波数，μ：ワイヤの円周方向透磁率）に比例するため，ワイヤに印加された応力による磁歪の逆効果で，非常に高感度に変化するものである。CoSiB アモルファスワイヤの最大抗張力 3 000 MPa，最大ひずみは 3.2%であり，20 MHz，20 mA の高周波電流の通電により，センサの出力電圧は張力 15 MPa により約 20%減少するので，ゲージ率は 1 260 となる。

図 6.2 は，CMOS IC マルチバイブレータの電源ラインに生じる鋭いパルス電流を，アモルファスワイヤに印加する方式の応力センサ回路である。

市販の CMOS IC チップには，6 個の CMOS インバータが内臓されており，そ

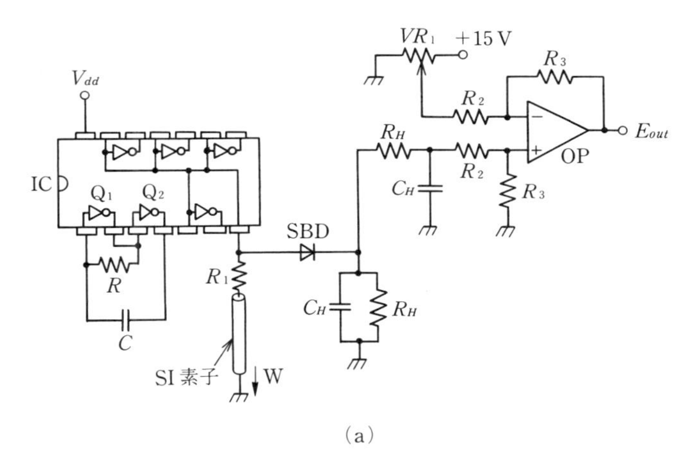

(a)

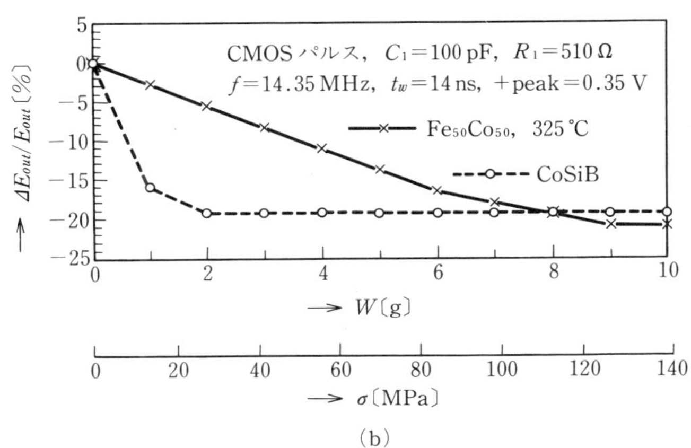

(b)

図 6.2　アモルファスワイヤ応力センサ

のうちの2個のインバータと R, C で，安定な方形波発振のマルチバイブレータが構成される。インバータのp-MOSとn-MOSが，同時にスイッチングする数ns間に電源電流が流れるので，この鋭いパルス電流をアモルファスワイヤに通電して表皮効果を発生させている。パルスの立上り時間を t_r とすると，パルスは $f \fallingdotseq 0.3/t_r$ の周波数の正弦波に対応する。

図6.3 は，アモルファスワイヤ応力センサを直径20 mmの不織布ダイヤフラムに張り付けて，平面マイクロホンを形成し，男声の母音を発声した場合の検出波形である。圧電素子やコンデンサマイクロホンに比べて広帯域であり，高精度の検出ができる。また高周波励磁のため，センサの応答周波数は数百kHzあり，子音の検出も容易である。

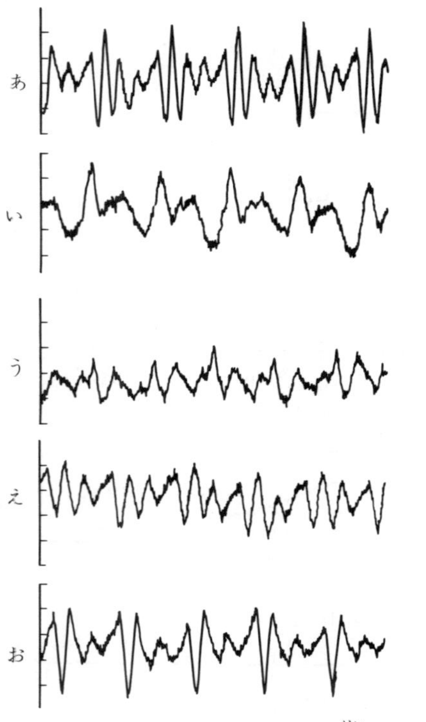

図6.3　母音圧波形

図6.4 は，図6.3で使用したセンサを頸(けい)動脈および手首動脈に軽く当てて検出した脈波波形である。心臓カテーテルを挿入して検出した，動脈圧波の波形

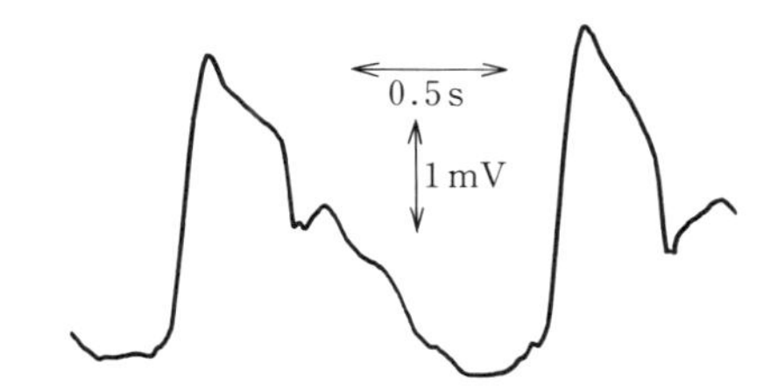

図 6.4 頸動脈脈圧波形

に対応している。従来の超音波脈波計に比べて，簡単で安定な計測ができる。手指先の毛細血管の脈波も安定に検出できる。

アモルファスワイヤ SI センサは，ゲージ率がきわめて高いほか，金属中最大の抗張力（3 000～4 000 MPa）と最大ひずみが 3%程度と大きいこと，耐食性がステンレス以上でさびないこと，などの優れた諸性能を兼備している。

したがって，高感度，高信頼性（ロバスト性），マイクロ寸法性をもつ種々の応力センサ（ロボットの触覚センサ，流体フローセンサ，心機図などの医用生体微振動センサ，霜センサなど）などの応用展開が考えられている。

6.2 金属と電気良導体の渦電流反磁界検出による変位センサ

交流磁界を金属や電気良導体に印加すると，対象物の面内に渦電流（同心円電流または磁界との鎖交電流）が誘導され，この渦電流による反磁界によって印加交流磁界が減少する。

この磁界減少分は励磁コイルの端子間電圧の減少分となって現れるが，その減少分は，対象物までの距離や対象物の透磁率，電気伝導率などによって決定されるため，この性質を利用したセンサは**渦電流センサ**（eddy current sensor）とよばれ，金属の非破壊検査や金属の存在検知，変位センサ，トルクセンサなどに広く使用されている。

図 6.5 は，コイルに交流電流 I を通電して，金属や電離液体などの電気良導体対象物の面に，交流磁界 $\boldsymbol{H}$（$=\boldsymbol{H}_m \sin \omega t$）を印加する場合のモデル図である。

フラットコイルの半径を a，コイル巻き回数を N，コイル印加交流電流を I_c，

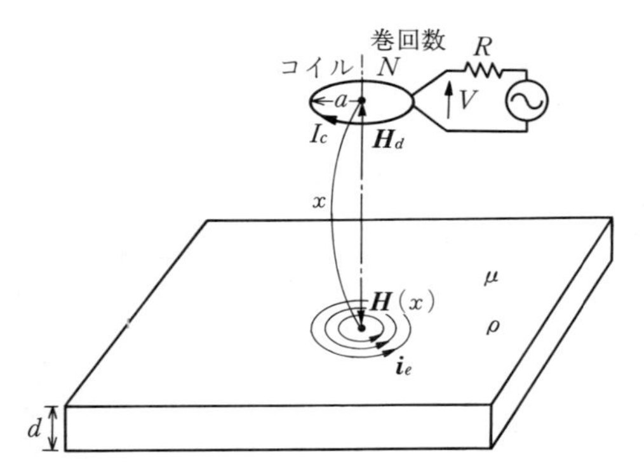

図 6.5　渦電流センサの原理図

周波数を f，コイルと対象物面との距離を x，対象物の電気抵抗率を ρ，面垂直透磁率を μ とおくと，面内には，次式で決まる電流密度 i_e の渦電流が，H と垂直面内に同心円状に誘導される。

$$\mathrm{rot}\ \rho\boldsymbol{i}_e=-\frac{\partial\mu\boldsymbol{H}(x)}{\partial t}=-j\omega\mu\boldsymbol{H}(x) \tag{6.2}$$

$$H(x)=\frac{2\pi a^2NI_c}{4\pi\mu_0}(a^2+x^2)^{\frac{3}{2}} \tag{6.3}$$

rot rot $i_e+(j\omega\mu/\rho)\ i_e=\Delta i_e-(j\omega\mu/\rho)\ i_e=0$ より

$$i_e=i_{em}\exp\left(-\frac{z}{\delta}\right)\sin(kz-\omega t) \tag{6.4}$$

i_e は，表皮深さ $\delta(=\sqrt{2\rho/\omega\mu})$ で $1/e$ に減衰する。i_{em} は，$H(x)$ の振幅に比例する。

この i_e により，対象物面から垂直にコイルに向かって，反磁界 H_d〔$=H(x)$，rot $\boldsymbol{H}_d=\boldsymbol{i}_e$〕が発生する。ここで，$i_e$ による磁気双極子が面垂直に現れると考えると，その磁極の強さは $\mu\boldsymbol{i}_e$ に比例し，長さは対象物の厚さ d が，表皮深さ δ より薄い場合は d，厚い場合は δ と考えられる。

この双極子モーメント m は，$\delta<d$ のとき $m=\mu H(x)\delta$，$\delta>d$ のとき $m=\mu H(x)d$ であり，コイルに反磁界 $H_d(x)=m/2\pi\mu_0x^3$ が印加されるので，コイル端子間の電圧の振幅 V_m は次式で表される。

$$V_m=\omega N\pi a^2\mu_0\{H(0)-H_d(x)\}$$

$$V_m = \frac{\pi a \omega N^2 I_c}{2}\left(1 - \frac{\mu d a^3/2\pi\mu_0}{(a^2+x^2)^{\frac{3}{2}}x^3}\right) \qquad (\delta > d) \tag{6.5}$$

$$V_m = \frac{\pi a \omega N^2 I_c}{2}\left(1 - \frac{a^3\sqrt{\mu\rho}/\sqrt{2\omega}\ \pi\mu_0}{(a^2+x^2)^{\frac{3}{2}}x^3}\right) \qquad (\delta < d) \tag{6.6}$$

渦電流センサでは，式(6.5)，(6.6)を基礎に，変位センサでは x のみを，厚さセンサでは d のみを，非接触形トルクセンサや応力センサでは μ のみを変数とするように設計される。

6.3　磁石変位センサと生体微動センシング

磁界センサと磁石の組合わせによって，磁石の磁力線を利用した種々のレベルの動きを非接触で検出することができる。微小磁石を動く対象物に固定して，空間的に固定した磁界センサで対象物の動きを検出することや，自動車などの動くものに磁界センサを固定して，道路面に固定した磁石を検出することで，自動車の位置を検出することなどに使用される。

図 6.6 は，生体皮膚面に直径 3 mm，厚さ 1 mm のフェライト磁石（厚さ方向に着磁）を貼り付けて，磁石から約 5 mm の位置に固定して磁界センサで，皮膚面の微細な動きを検出するセンサ回路である。

センサ回路は，直流出力形 2 磁心マルチバイブレータ回路であり，センサへ

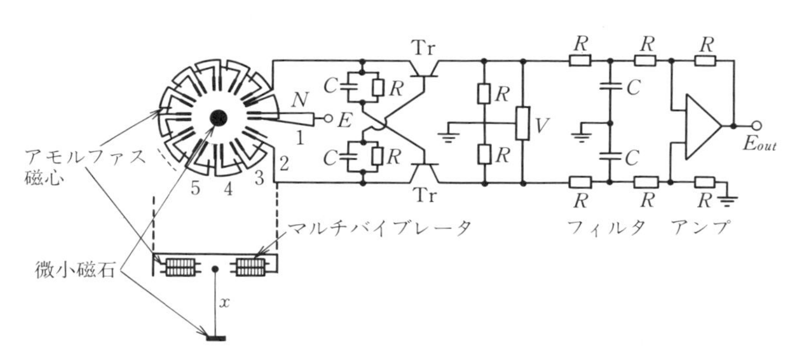

図 6.6　磁石変位センサ回路

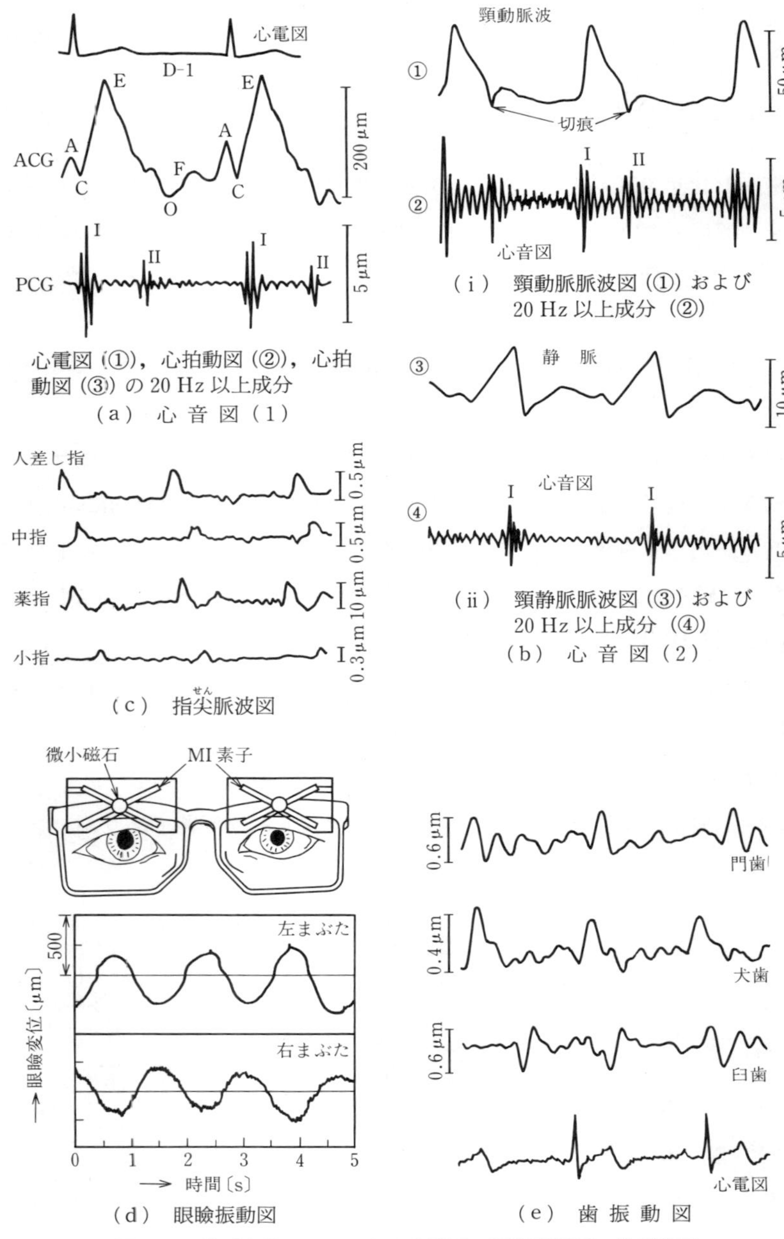

図 6.7　磁石変位センサによる心機図，眼瞼変位図，歯振動図

ッドは，長さ 8 mm の零磁歪アモルファスワイヤに，40 ターンのコイルを施した磁心を 12 対 24 本放射状に配置して，コイルは 12 対ごとに直列接続して構成する。

放射状磁心の中心位置の下部に円形微小磁石を対置すると，磁石の磁力線は放射状に磁心の長さ方向に印加され，地磁気などの空間的に一様な外乱磁界は，放射方向成分の総和として相殺されるので，磁気シールドなしで磁石磁界のみを 0.1 μm の分解能で安定に検出することができる。

図 6.7 は，図 6.6 の磁石変位センサによる心機図（心拍動図，心音図，脈波図），眼瞼（けん）変位図，歯振動図である。

心機図は，心臓器官の入力信号が心動電気刺激である心電図に対し，その力学的出力信号である。システムのダイナミックスは，入力および出力の両者の信号によって解明されるが，技術的には心電図が広く普及しており，心機図センサ技術はこれまで未発達であった。

図 6.6 のセンサは，1986 年よりフクダ電子(株)，TDK(株)，ユニチカ(株)の 3 社によって共同開発され，脈波センサとして市販されている。

6.4 ペン入力コンピュータ用タブレット

ペン入力コンピュータは，パーソナルコンピュータからキーボードをなくした携帯用情報端末であり，入力はペンポインティングまたはペン手書き入力で行う。このため，ペン先の二次元位置センサである高精度で薄形軽量のタブレットが必要である。ここでは，アモルファス磁性ワイヤを用いた磁気式タブレットの原理と基礎特性を示す。

図 6.8 に示すように，円周方向の高透磁率をもつ零磁歪アモルファスワイヤの 1 点に垂直に交流磁界を印加すると，1 周期内ではワイヤの円周方向で 2 回の磁束反転が生じ，ワイヤの両端間に 2 倍周波数の電圧が誘起される。この電磁気現象を**垂直励磁マテウチ効果**（perpendicular Matteucci effect）とよぶ。

この誘起電圧の振幅は，垂直交流磁界印加点をワイヤに沿って，一端から他

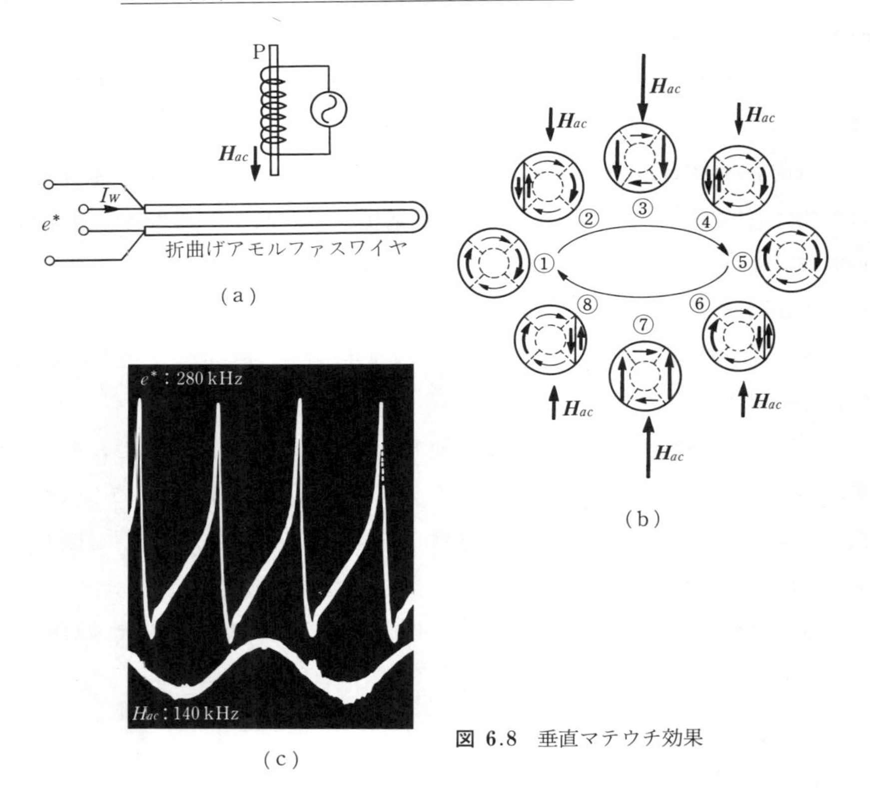

図 6.8　垂直マテウチ効果

端まで移動させてもほぼ一定であり，ワイヤから水平に直角に離すと急激に減衰する。この特性を利用すれば，ワイヤを等間隔に X，Y マトリックス状に多数本配置し，それぞれ X，Y 方向において，各 3 本のワイヤの両端間の倍周波電圧の振幅を比較することにより，交流磁界発生ペンのペン先位置を，二次元平面内で特定することができる。

図 6.9 は，30 μm 径の零磁歪アモルファスワイヤを，4 mm 間隔で X，Y マトリックス状に配置し，自己発振回路のフェライト棒磁心をペン先とする交流磁界発振ペンで励磁するタブレットの構成図である。

すべてのワイヤは画面の表裏の折返しで設置され，ワイヤの両端子を X，Y 方向の片側に集めるとともに，倍周波の端子間電圧の大きさが 2 倍になり SN 比を高めている。アモルファスワイヤは強じん弾性体であるため，細線であって

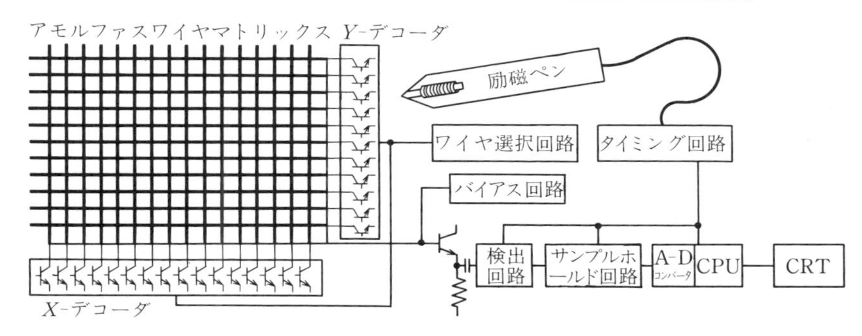

図 6.9 ペン入力タブレットの構成

も強度的信頼性が高く，タブレット画面構成が自由にできる。

全ワイヤの誘起電圧の大きさは，X デコーダおよび Y デコーダで電子的に掃引・検出され，サンプルホールド回路および A-D コンバータ，CPU でディジタル量に変換される。X および Y のそれぞれの 3 本のワイヤの電圧の大きさは，最大値を基準に，その比の値が CPU 内の数値データと比較されて，ペン先の画面上の位置が算出される。

ペンは，フェライト磁心コイルをインダクタンス要素とする自己発振回路を内蔵し，145 kHz の交流磁界をペン先から発生させる。ペン先の移動検出・表示速度は毎秒 150 ドットであり，位置検出精度は 0.2 mm である。

図 6.10 は，試作タブレットを用いた手書き文字および図形の入力例である。

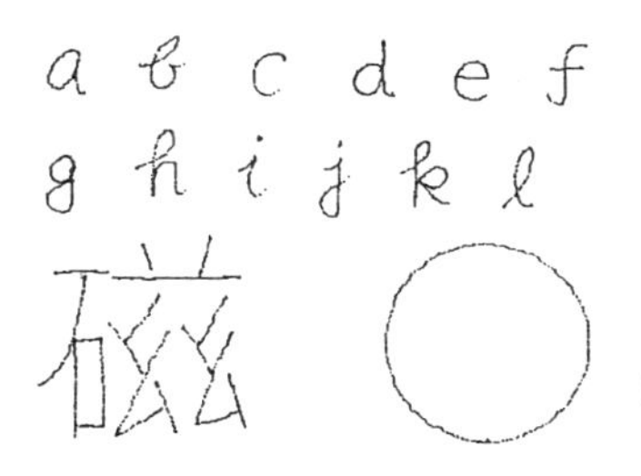

図 6.10 手書き文字入力例

また，試作 A 4 版ペン入力コンピュータのタブレット面は 15×20 cm であり，MS-DOS ソフトウェアを組み込み，手書き文字認識機能で活字変換した手書きワードプロセッサ機能や，キーボード画面のペンポインティングによるパーソナルコンピューティング機能をもっている。

6.5　脳腫瘍位置磁気センシング

1990年代に入って，人間を取り巻く環境の悪化により，脳のがんである脳腫瘍の発生率が高くなっている。脳腫瘍の治療の直接的方法は，開頭手術により脳腫瘍組織を除去するものであるが，従来の手術法には深刻な問題があることが医学界より指摘されている。

すなわち，脳腫瘍は**強磁性共鳴断層画像装置**（magnetic resonance imaging device, 略して **MRI** ともいう）により特定できるが，手術のための開頭により脳内圧が変化して脳が変形し，特定した脳腫瘍位置が動いてしまうこと，腫瘍組織と正常組織が色が同じであり，視覚的に区別できないため，手術時に脳腫瘍位置が不明となって，そのため執刀者の勘に頼って，脳腫瘍とともに正常な脳組織まで多めに除去することなどにより，手術後の後遺症が深刻な問題となっている。

この問題を克服し，手術の精度と信頼性を高めるためには，脳腫瘍位置の検出法を新たに確立することが必要である。その一つの方法として，リポソーム脂質でコーティングされた磁性微粒子をモノクローナル抗体に共有結合させ，モノクローナル抗体ががん組織のみに選択的に固着する特性を利用して，脳組織に磁性微粒子を固定し，その磁極磁界を超高感度磁界センサで検出する方法が最近試みられている。

その基礎実験では，マグネタイトコロイドをリポソームでコーティングした磁性微粒子を，アガロース（寒天）1l中約1〜2g分散させたゲルを，ラットの腫瘍位置に磁界中で注入固化させ，アモルファスワイヤMIマイクロ磁界差センサで0.1〜0.01mGの微弱磁極磁界を検出して，腫瘍位置を探索している。

図6.11は，5mm径のガラス円筒に0.1，0.5，1，2g/l濃度の磁性ゲルを充てんし，5.9Tの直流磁界を筒長さ方向に印加して固化させたサンプルの漏えい磁界を，2mm長，30μm径アモルファスワイヤ2本を直列配置したCMOSマルチバイブレータ形MIマイクロ磁界差センサで検出した結果である。

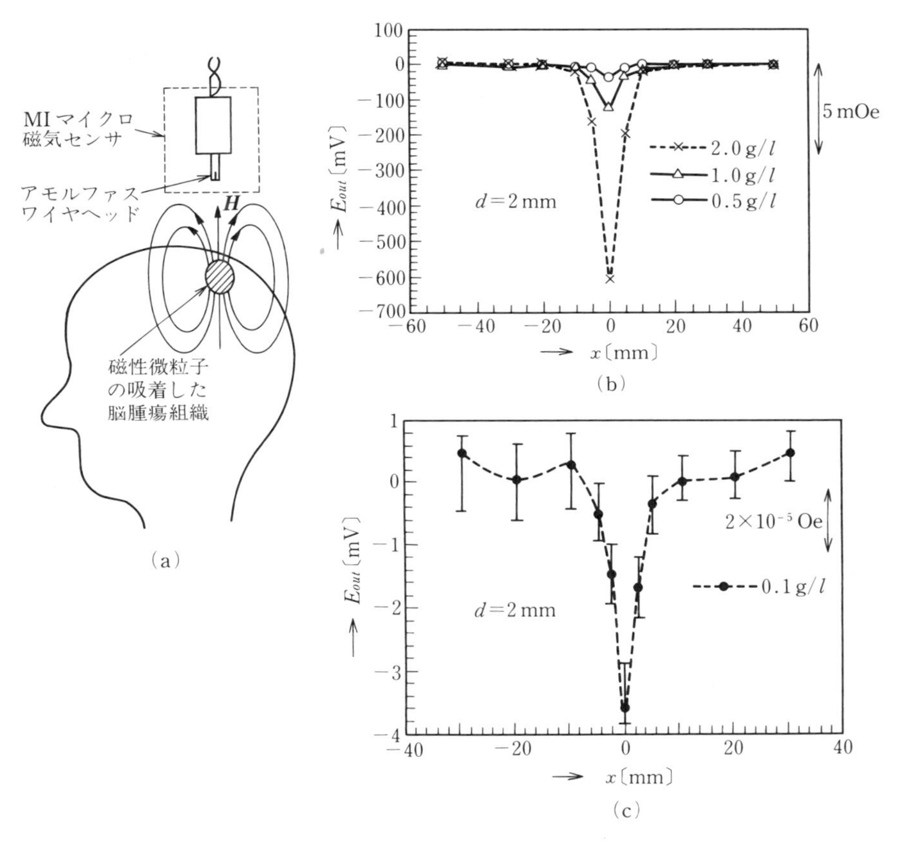

図 6.11　MIマイクロ磁気センサによる磁性ゲル磁界検出

サンプル先端からセンサヘッド先端までの距離が5 mmで，センサヘッドをサンプル長さ方向の直角方向に往復移動させて測定した結果，図(a)のように，1，2 g/l のサンプルでは容易にサンプル位置が特定できる。

また，センサヘッドを数回往復させ，測定値の和を求めて背景雑音の相殺処理を行うと，図(b)のように，0.1 g/l の希釈ゲルサンプルでも位置検出が明確に行うことができることがわかる。

図 6.12 は，ラットの腹部の腫瘍に2 g/l のマグネタイトゲルを2 Tの直流磁界中で注入･固定した場合の，3時間後および3日後のMIセンサによる測定結果である。3日後では，腫瘍の拡大とゲルの血流による分散により，特定位置の

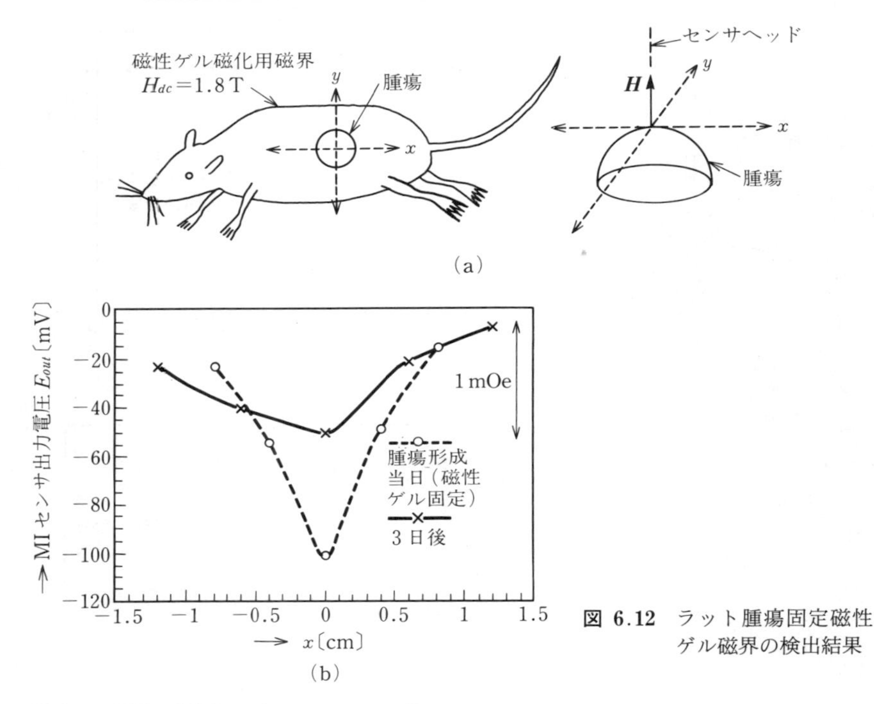

図 6.12　ラット腫瘍固定磁性ゲル磁界の検出結果

拡大と磁界の減衰が生じていると考えられる。

6.6　誘電モータの二次電流センシングと速度・トルク制御系

誘導モータ（induction motor，略して **IM** ともいう）は，ブラシレス構造による高信頼性と構成の簡便さによる低価格性により，各種のモータ中最も多数使用されている。しかし，IM は回転子（ロータ）が，固定子（ステータ）による回転磁界の回転数より数%の滑り（スリップ）を伴って回転し，その回転速度制御やトルク制御は，直流モータに比べてロータの動作が直接計測できないために複雑であり，特別の工夫を要する。

現在，IM の制御法として最も広く研究され試みられているものは，ドイツのシーメンス社で 1970 年に開発された**ベクトル制御法**（vector control method）である。

この方法では，固定子電流である一次電流を，励磁電流分とトルク電流分の2成分に分けて，それぞれ独立に制御して，直流モータに近い高精度の制御性能を実現しようとするものである。

しかしこのベクトル制御システムは，三相-二相変換回路およびベクトル成分のおのおのの制御システムが必要なため複雑であり，しかも回転子の抵抗（二次抵抗）の温度による変動の補償が困難である基本的問題点がある。

これに対して最近，IM の回転子電流（二次電流）を磁界の形で非接触にモニタリングしながら，二次抵抗の温度による変動に影響されずに，高精度の速度制御やトルク制御を行う方法が開発された。

図 6.13 は，IM のシャフトにトルクメータ，出力電力検出用直流発電機およびランプ負荷抵抗を接続し，他のシャフト端部のモータ外部に MI マイクロ磁界センサを設置して，二次電流を非接触検出する実験システムである。

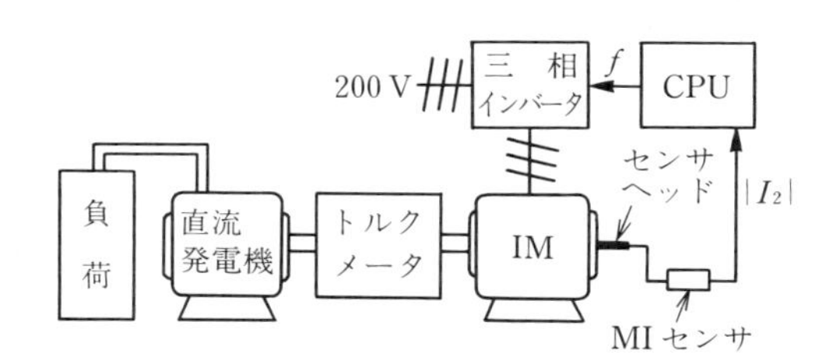

図 6.13　IM の二次電流検出システム

IM は，小形(実験では 1.5 kW，4 極形)の場合は，V/f（モータ磁束変化幅＝一定）の汎用インバータで駆動されるので，出力トルクは二次電流に正比例する。

したがって，二次電流を検出することができればトルクが検出できることになり，二次抵抗の温度による変動に無関係に正確なトルク制御が実現される。

二次電流に比例した磁界は回転子の信号なので，空間的に静止したモータ外部の位置では，一般に検出が困難である。ただ 1 箇所，シャフトの中心線上では，回転体は静止と同等であり，シャフト中心線上で，シャフト長さ方向にセンサヘッドを配置することによって，回転子の信号が検出できる可能性がある。

ではいったい，シャフトの中心線上にいかなる磁界が発生するのか。この方向への磁界は，シャフトの円周電流によって発生するはずであり，この円周電流の経路は回転子のエンドリングが考えられる。エンドリングには二次電流が流れるが，回転子の構造や回転動作および固定子による回転磁界の発生などのすべてが対称で一様であれば，エンドリング各部の二次電流の総和は零である。したがって，エンドリング還流電流は零となって，シャフト中心線上に磁界は発生しないことになる。

しかし，いかなる回転機もわずかの非対称性は存在するので，二次電流の数%のエンドリング還流電流はつねに存在する。1.5 kW の IM の定格二次電流を 200 A と仮定すると，その 5%でも 10 A の還流電流となり，モータ外部で 0.1 Oe 程度の磁界は期待される。

図 6.14 は，MI 磁界センサによるシャフト中心線上の磁界の検出波形である。

図(a)は，ほぼ無負荷時の波形で，周波数が 0.1 Hz 程度の超低周波の正弦波に駆動周波数 (60 Hz) の微小振幅の波形で重畳している。図(b)は，定格負荷時の磁界波形で周波数は 2 Hz 程度であり，負荷の増加により周波数および振幅が増加していることがわかる。

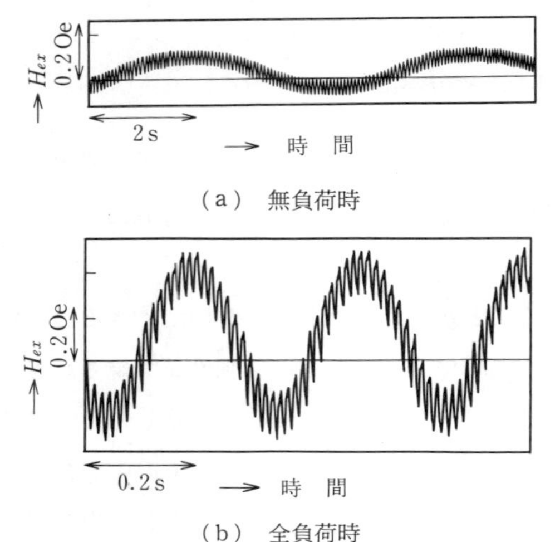

図 6.14　シャフト端磁界検出波形

図 6.15 は，種々の負荷に対するセンサ検出波形の周波数と滑り周波数の関係〔図(a)〕および振幅とトルクの関係〔図(b)〕を測定した結果である。

図(a)では，検出周波数は滑り周波数 sf に一致している。

図(b)では，検出振幅がトルクに比例していることがわかる。これは，$V/f=$ 一定のインバータ駆動ではモータ磁束の振幅が一定であるため，トルクが二次電流の振幅に比例することから，検出振幅が二次電流の振幅に比例しているといえる。

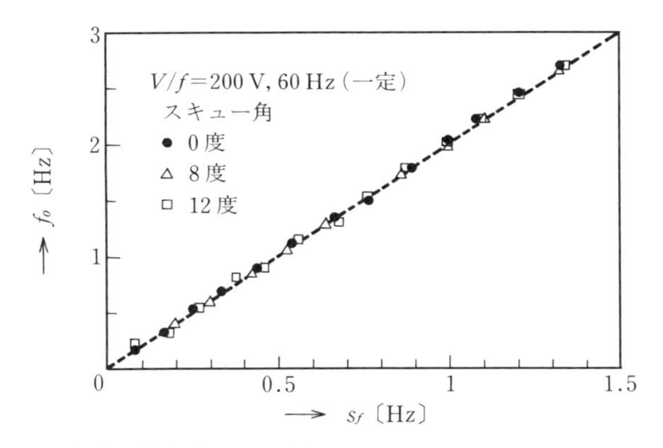

(a) 外部磁界の周波数 f_0 と滑り周波数 s_f の関係

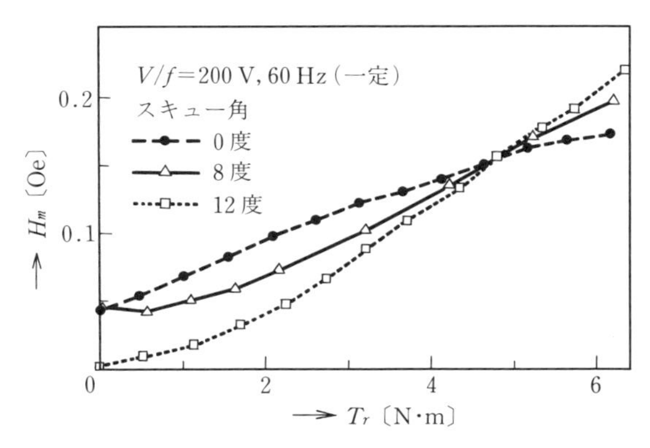

(b) 外部磁界の強さ H_m と実測トルク T_r の関係

図 6.15 検出磁界波形の周波数(a)と振幅(b)

この図より，シャフト端磁界は二次電流に正比例することがわかり，また二次電流が非接触でモニタリングできることがわかった。

図 6.16 は，図 6.15 を基礎に，IM を定格負荷で 80 分間連続運転させた場合のトルク制御の実験結果である。

センサを使用せずに制御を行わない場合，回転数およびトルクは，初期設定

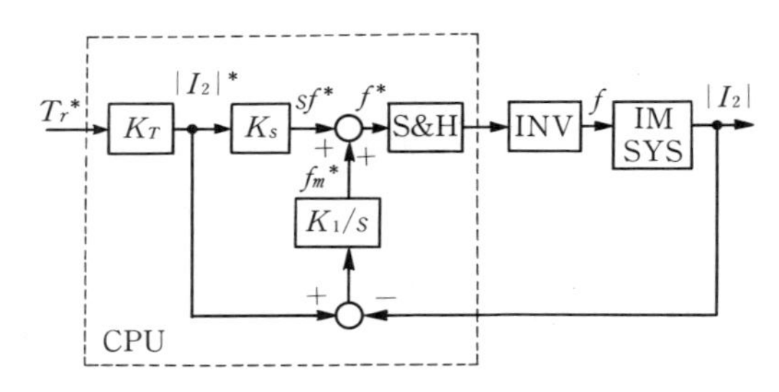

（a） 定常トルク制御プログラムブロック図

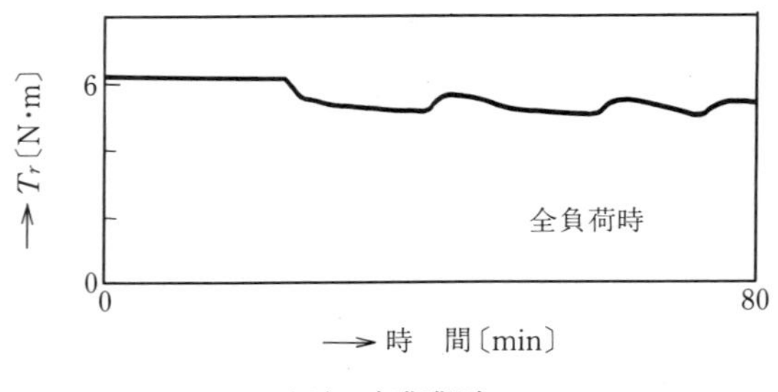

（i） 無御御時

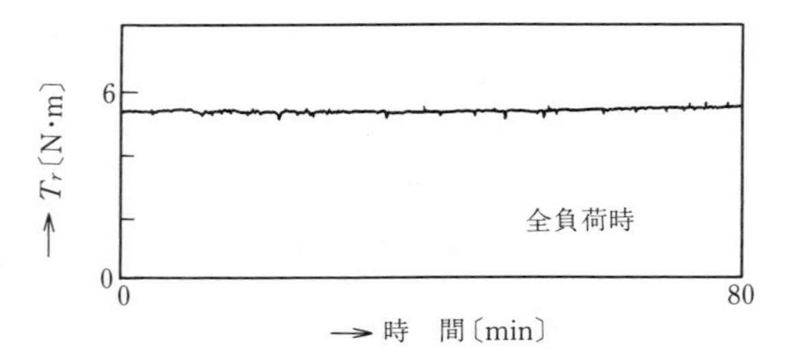

（ii） 制 御 時

（b） IM の 80 分連続運転温度特性

図 6.16 I_2 帰還形トルク制御系と制御結果

値に対して時間とともに減少していく。これは，IM 内部の温度上昇とともに，二次抵抗の増加による二次電流の減少のためである。センサを用い二次電流信号の帰還制御を行うと，周波数およびトルクとともに，初期設定値を保持することがわかる。

演　習　問　題

（**1**）渦電流センサの原理を述べよ。

（**2**）ペン入力タブレットの動作原理を述べよ。

（**3**）人体の皮膚の振動の種類と大きさについて述べよ。

（**4**）誘導モータの制御が一次電圧，一次電流の検出のみでは実現できない理由を述べよ。また，二次電流をモータ外部で検出する方法を述べよ。

7 電子コンパス用磁気センサ

携帯電話の急速な普及と性能の向上に伴って，2005年頃から，**電子コンパス**（electronic compasses）の普及が拡大してきた。2015年頃にはスマートフォンを中心に携帯電話機の生産は，世界で年産10億台を超え，そのほとんどに電子コンパスが組み込まれており，電子コンパスは科学技術イノベーションを牽引する存在に成長してきている。この流れに対応して，電子コンパスは，2013年の国際工業規格IEC 62047-19を基に，2014年に日本工業規格JIS C 5630-19で規格が制定された（なお，以前から普及している船舶および海洋技術一般用の磁気コンパスは，**電子磁気コンパス**（marine electromagnetic compasses）として区別されている）。

この電子コンパスは，携帯電話では「歩行者ナビゲーションシステム（pedestrian navigation system）」であり，自動車では「カーナビゲーションシステム（car navigation system）」である。このナビゲーションシステムは，高性能3次元磁気センサ（**地磁気ベクトルセンサ**），GPS（global positioning system）および信号処理・画面調整表示ソフトウェアの3要素から構成されている。具体的なサービスは，携帯電話の使用者が直視する道路に携帯画面の地図内の道路の方位が一致するよう，携帯画面の地図を回転（ヘッディング）させて，希望する行き先へのイメージを得やすくする。カーナビゲーション用電子コンパスは，寸法や消費電力などの要件は比較的緩やかであるが，自動車車体の残留磁気などの外乱磁気の影響を補正するソフトウェアが組み込まれている。携帯電話用電子コンパスは，その性能の進歩により，2013年からはアウトドア用腕時計やいわゆるスマートウオッチにも組み込まれるようになった。腕時計用電子コンパスでは，外乱磁気の問題はカーナビゲーション用電子コンパスより少ないが，ヒトの日常活動においては，文具用などの強力磁石に近接する場合も少なくない。そこでは瞬間的に強い外乱磁界（いわゆる**磁気ショック**）を受けることになり，電子コンパス用磁気センサでは，新たに**耐磁気ショック性**（磁気ショック後，磁気センサの動作点に復帰する性能）が必須要件となっている。

科学技術の産業応用の観点では，**磁気センサチップ**の高性能化と信号処理技術による新たな情報技術の発展が期待されており，携帯電話，スマートフォン用の電子コンパスの普及はその一つのステップとして位置づけられ，さらに新たに，環境と調和した種々の情報端末システム時代の到来への期待が高まってきている。

7.1　電子コンパス用磁気センサの要件

図 7.1 に，携帯電話，スマートフォン，腕時計用の電子コンパスを構成する

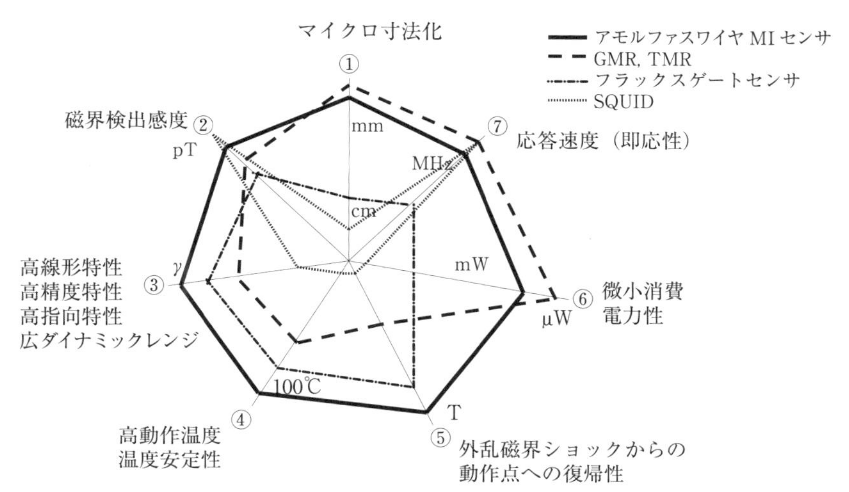

図 7.1　携帯電話，スマートフォン，腕時計用電子コンパス磁気センサの必須要件 7 項目と磁気センサの性能比較

磁気センサ（地磁気ベクトルセンサ）の必須要件7項目に対する磁気センサの性能比較を示す。この7項目は，①マイクロ寸法性，②感度，③線形性，精度，指向性，④動作温度，温度安定性，⑤磁気ショックからの復帰性，⑥消費電力，⑦応答速度，である。従来の工業計測用などの磁気センサに要求される要件は，②，③，④，⑦などであったが，携帯電話機に採用される**高性能磁気センサ**には，さらに①，⑤，⑥の要件が必須となり，従来の磁気センサの開発技術では実現が不可能になっている。その代表的課題が，①と②の兼備である。すなわち，従来の磁気センサは，①を優先させるMRセンサ，GMRセンサと，②を重視するフラックスゲートセンサが一般的であり，後者で①を追究すると反磁界が増加して②が劣化する。また，MRセンサ，GMRセンサで感度や線形性を向上させるためには，直流通電方式からキャリア通電方式やピックアップ検出方式を付加することになり，①が劣化してしまう。

図の7項目すべてに関して，最大の面積を囲む磁気センサのみが，電子コンパス用の磁気センサに採用される。この観点から，代表的な5種類の磁気センサでは，アモルファスワイヤCMOS IC形MIセンサ（以下，アモルファスワイヤMIセンサという）が，比較的条件を満たすと評価される。

そこで，以下では電子コンパスの要件①〜⑦を兼備するアモルファスワイヤMIセンサの原理と構成の特徴を詳細に述べる。

7.2 電子コンパス用アモルファスワイヤMIセンサの特徴[28)]

7.2.1 アモルファスワイヤの磁区構造

図3.4で高感度の磁気インピーダンス効果を示す零磁歪アモルファスワイヤに触れたが，その磁区構造は**図7.2**で表現される[29)]。この磁区構造は，アモルファスワイヤ（ユニチカ社製）の水中超急冷過程で形成される。まず超急冷される**表面層**（outer shell）に圧縮応力が生じ，わずかに負の磁歪（$\lambda=-10^{-7}$）の表面層でワイヤ円周方向に**磁化容易方向**が誘導固定される。この表面層の円周方向磁気異方性は，超急冷後（約130 μm径）の**冷間線引き**による**細線化**後

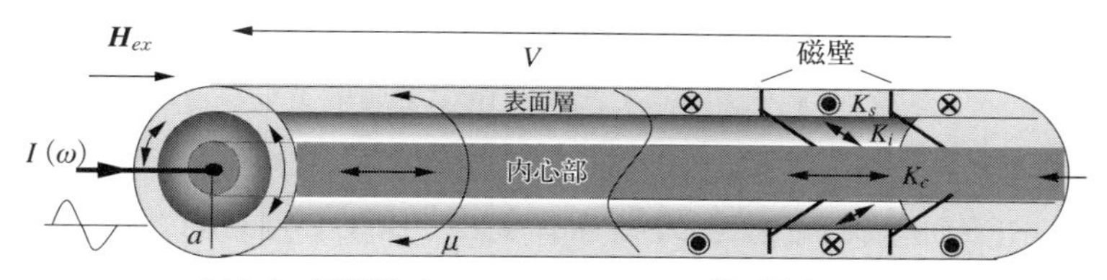

図 7.2　零磁歪アモルファスワイヤの磁区構造モデル

(2015 年時点では 11.5 μm 径まで）の**張力アニール**処理で強調されている。アモルファスワイヤの**内心部**（inner core）は，比較的徐冷で形成され，その強い**形状異方性**により，ワイヤ軸方向（長さ方向）に磁気異方性が誘導されている。表面層と内心部の磁化は，中間層の磁区を介して全磁気エネルギーが最小化されるように連結している。

この磁区構造を，磁気センサを構成する観点で注目すると，磁気センサのマイクロ寸法性と精度を決定する**反磁界**と**磁気ノイズ**の発生源が局在化していることがわかる。そして，反磁界と磁気ノイズの両者の発生源が同一箇所であることが，磁気インピーダンス効果形磁気センサの最大の特徴に結びついている。この両者の発生源は内心部である。すなわち，式（2.2）のように，内心部ではワイヤ軸方向に磁化ベクトル $\boldsymbol{M}$ の方向が揃うので，ワイヤ軸方向の外部磁界 $\boldsymbol{H}_{ex}$ に対して，内心部の両端に $\boldsymbol{H}_{ex}$ と同方向の $\boldsymbol{M}$ による磁極が発生して，内心部では $\boldsymbol{H}_{ex}$ と反対方向に反磁界 $\boldsymbol{H}_{dem}$ が発生し，内心部の有効磁界 $\boldsymbol{H}_{eff}$（$=\boldsymbol{H}_{ex}-\boldsymbol{H}_{dem}$）が減少する。このため，アモルファスワイヤを 1 mm 以下のマイクロ寸法に設定すると，$\boldsymbol{H}_{eff}$ が激減して，磁気センサの磁界検出感度や SN 比が激減してしまう。すなわち，**高感度マイクロ磁気センサ**は実現できない。この内心部両端の磁極の発生は静磁エネルギーを高めるため，両端部域には多数の**微小磁区**（**スパイク磁区**）が発生して，磁極を分散させ静磁エネルギーを減少させるが，磁気センサヘッドでの励磁磁界によるこれらの微小磁区の磁壁振動は不規則であり，大きな磁気ノイズ（バルクハウゼン雑音）発生源となる。

このため，高感度・高精度のマイクロ磁気センサを実現するためには，「アモルファスワイヤの内心部の磁化を使用しない」新たな磁気センサの構成原理が必要である。“アモルファスワイヤの磁気インピーダンス効果(MI 効果)”は，変調形磁気センサのキャリアとして高周波電流を通電することにより，合金ワイヤの**表皮効果**を利用して，この内心部に電流が流れないことでその磁化を使用しない（表面層の回転磁化のみで動作する)，新しい高感度マイクロ磁気センサの構成原理である（図 3.4 は，高周波通電時のアモルファスワイヤのインピーダンス（ワイヤ両端間電圧振幅 V）が，外部磁界 $\boldsymbol{H}_{ex}$ で敏感に変化することを発見した実験結果である)。

7.2.2 アモルファスワイヤのパルス通電磁気インピーダンス効果

前項では，アモルファスワイヤの反磁界とバルクハウゼン磁気ノイズの発生源である内心部の磁化動作を，表皮効果によって静止させる方式（ワイヤ表層部の磁化回転動作による「磁気インピーダンス効果」）によって，高感度のマイクロ磁気センサを実現する原理を示した。しかし，表皮効果を高周波電流の通電で誘導する方法はアナログ的であり，実用的ではない。すなわち，情報電子機器への実用化のためには，磁気センサを**集積回路化**が可能なディジタル電子回路で構成することが必要である。この場合，アナログ効果をディジタル電子回路で実現する方法は，パルス技術を用いることであり，**パルス通電**で表皮効果を誘導する方法である。

図 7.3 は，アモルファスワイヤのパルス通電磁気インピーダンス効果[30)]の測定結果である。左上のパルス電流波形は，パーソナルコンピュータのタイミングパルス発振回路である **CMOS インバータマルチバイブレータ**で発生させた方形波電圧を，微分回路で一方向パルス列に変換して，アモルファスワイヤに通電した電流パルスである。この 1 個のパルス電流の高さを I_p，立ち上がり時間を t_r とすると，このパルス電流は，$i_p(t)=(I_p/2)(1+\sin(\pi t/t_r))$ の直流バイアスされた正弦波交流電流に近似される。したがって，$t_r=10$ ns のパルス電流は，50 MHz の高周波電流と等価であるので，約 30 μm 径アモルファスワイヤの表皮効果が顕著に生じることがわかる。さらに，このバイアス直流電流は，アモルファスワイヤの表層部の磁壁を消失させた**単磁区**（single do-

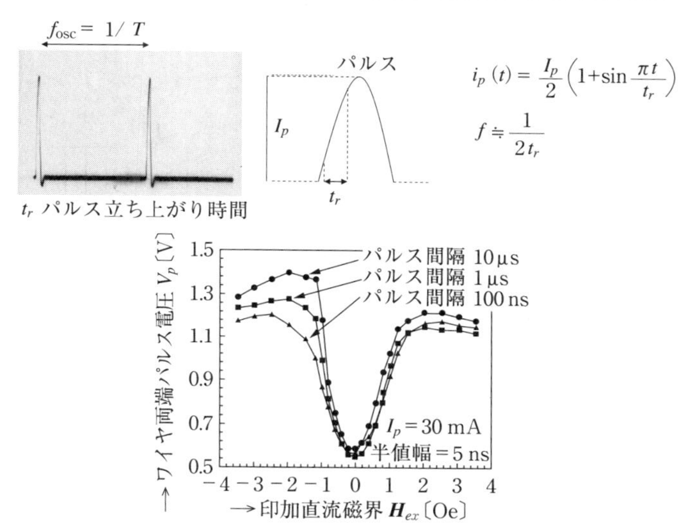

図 7.3　アモルファスワイヤのパルス通電磁気インピーダンス効果

main)状態を実現し，磁化動作は表層部の磁化回転のみで行われることになる。

図の下のパルス間隔を変化させたパルス通電磁気インピーダンス効果の測定結果では，パルス間隔に依存せず，±1 Oe の直流磁界の印加に対して約 100% のインピーダンス変化を示す磁気インピーダンス効果が発生しており，1 個の通電パルスで MI 効果が完結することがわかる。この**パルス通電磁気インピーダンス効果**の特徴は

（1）　磁気センサ回路の電源消費電力をパルス通電間隔によって調整できる（微小消費電力磁気センサが構成できる：2013 年からの腕時計用電子コンパスの実現）。

（2）　3 次元ベクトル磁気センサを，3 個の直交配置アモルファスワイヤヘッドと 1 個のセンサ電子回路を，スイッチ切り替え方式(**マルチプレクサ**)で構成できる。

などの実用上の利点を生んでいる。磁化動作の面では，「磁化が磁化回転のみで高速に生じる」ためである。

この MI 効果の高速動作は，ガラス被覆アモルファス細ワイヤで数 GHz の

通電交流で測定されている[31)]。

アモルファスワイヤの表層部での「磁壁移動のない磁化ベクトルの回転のみ」の磁化動作における理論的磁気ノイズスペクトル密度βは，式（7.1）で表示される[32)]。

$$\beta=\left(\frac{2\alpha k_B T}{\gamma M_s \pi D l}\right)^{1/2} \tag{7.1}$$

ここに，α：**磁気減衰係数**，k_B：**ボルツマン定数**，T：絶対温度，γ：**ジャイロ磁気定数**　M_s：飽和磁化，D：ワイヤ直径，l：ワイヤ長さ，である。

βの数値表現では，室温20°C，磁化周波数帯域1 Hz，ワイヤ長さ$l=1$ cmの場合でβは約10 fT（femto-Tesla；10^{-14} T＝10^{-10} G）となる。

磁気センサでは，センサヘッドである磁性体での磁気ノイズと，センサ電子回路の電子回路ノイズの和でノイズレベルが決定する。従来のフラックスゲート形高感度磁気センサのノイズレベルが最小で室温10^{-7} G程度であったので，アモルファスワイヤMI効果による磁気センサでは，ノイズレベルが2桁程度減少し，4 K（−269°C）で動作する超伝導量子干渉デバイス（SQUID）と同程度のノイズレベルであることがわかった。これを基礎に，アモルファスワイヤMIセンサによる生体磁気検出研究が，広く行われている（8章参照）。

しかし，図3.4の交流通電MI効果特性と図7.3のパルス通電MI効果特性は，いずれも感度は高いが，磁界検出の線形性が低い。また，**線形特性**を得るためには，**直流バイアス磁界**を印加して動作点を設定する必要がある。GMR系のマイクロ磁気センサでは，線形磁界センサを構成するための直流バイアス磁界を得るために**マイクロ磁石**を設置しており，強力磁石に近接する場合の磁気ショックでマイクロ磁石の磁化が変化し，磁気センサの動作点が変動して誤動作する問題がある。また，このバイアス直流磁界発生用マイクロ磁石を設置しても，線形的磁界検出特性は得られるが，高い線形性（**直線性**）や広い**線形ダイナミックレンジ**を得るには，さらに**負帰還回路構成**を行ったり，出力信号の補正処理を行うことなどが必要になり，消費電力の増加などの問題が新たに発生する。電子コンパスでは，高い**方位検出分解能**が必要であり，**微小消費電

力性や高い耐磁気ショック性を保持しつつ，高い線形性を持つことが必要になる。

そこで，**バイアス磁石**なしで高い線形特性および磁気ショックからの安定な動作点復帰性を得る方法として，MI センサではアモルファスワイヤに**検出コイル**（pick-up coil）を設置する方法を取っている。

7.2.3　アモルファスワイヤのパルス通電磁気インピーダンス効果の線形検出コイル

図 7.4 に，表皮効果による磁気インピーダンス効果が発生しているアモルファスワイヤ表層部の磁化回転モデルを示す。表層部の磁化容易方向（**異方性エネルギー** K_u）は，ワイヤ円周方向であり，外部直流磁界 $\boldsymbol{H}_{ex}$ および $\boldsymbol{H}_{ex}$ 検出用の通電パルス電流 I_p による円周方向パルス磁界 $\boldsymbol{H}_p(=I_p/2\pi r,\ r\fallingdotseq a)$ によって，磁化ベクトル $\boldsymbol{M}$ が円周方向（容易軸）から θ の方向へ傾斜する。

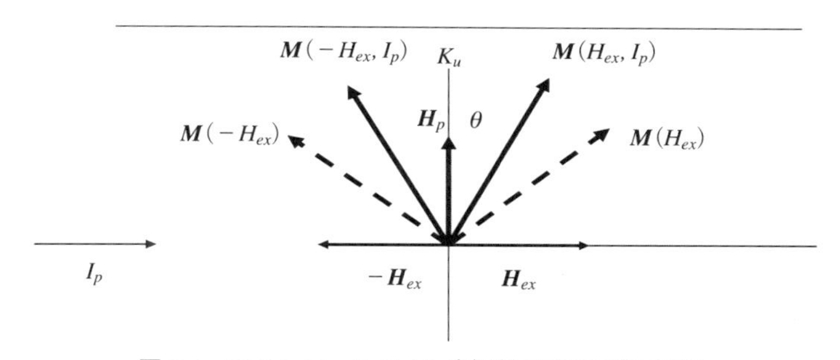

図 7.4　アモルファスワイヤ表層部の磁化回転モデル

この磁化回転系の全エネルギー E は

$$E = -K_u\cos^2\theta - M_s H_p\cos\theta - M_s H_{ex}\sin\theta \tag{7.2}$$

であり，θ は $\partial E/\partial\theta = 0$ から求まる。

$$2K_u\cos\theta\sin\theta + M_s H_p\cos\theta - M_s H_{ex}\sin\theta = 0 \tag{7.3}$$

ここで，立ち上がり時間 t_r の十分大きなパルス電流を通電すると，ワイヤ長

さ方向への磁化の変化 $\varDelta M$ は

$$\varDelta M = M_s \sin\theta \, (H_p = 0) = \frac{M_s}{2K_u} H_{ex} \tag{7.4}$$

である。

したがって，アモルファスワイヤに円周方向に N 回周回されたコイルの誘起電圧 e_p（$=N\varDelta\Phi/t_r$；$\varDelta\Phi$：ワイヤ断面磁束変化分）は

$$e_p = G H_{ex} \tag{7.5}$$

$$G = \pi\delta(2a - \delta^2) N M_s^2 / 2K_u t_r, \ \delta \fallingdotseq (2t_r\rho/\mu)^{1/2} \tag{7.6}$$

で表されるように，検出磁界 H_{ex} に正比例する。

そこで，MI センサでは，この検出コイルの電圧 e_p を**ローパスフィルタ**で整形して出力電圧とすることにより，線形特性の高い超高精度のマイクロ磁気センサとなる。

図 7.5 は，2005 年の電子コンパスチップに内蔵されたアモルファスワイヤ MI センサの直流磁界検出特性である。**地磁気**は，日本列島の本州では約±500 mG（±50 μT），北極圏や南極圏で±670 mG（±67 μT）程度であるが，乗用車内の磁気の少ないバックミラー周辺においても数 G の静磁気ノイズは存在するため，電子コンパス用磁気センサの磁界検出フルスケール（FS）は，

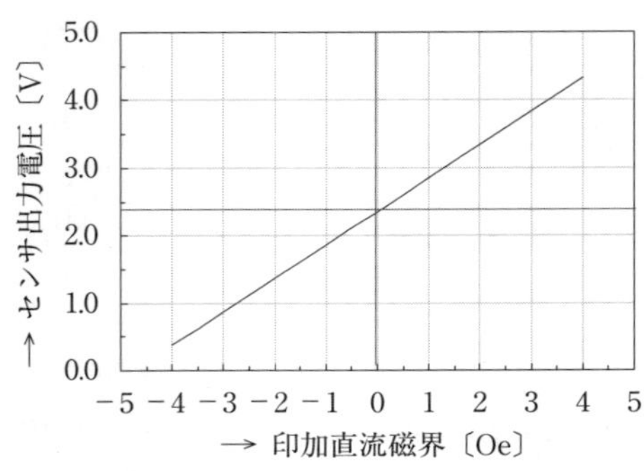

図 7.5　携帯電話電子コンパス用アモルファスワイヤ MI センサの直流磁界検出特性（愛知製鋼（株）2005 年測定）

数 G は必要である。アモルファスワイヤは，20 μm 径，1.4 mm 長であり，MI センサは，FS±4 G，磁界検出分解能（センサノイズレベル）0.1 mG，非線形性 0.03%FS の特性であり，磁界検出のヒステリシスは測定されず，**線形性**に優れている。信号処理を行った結果であるが，**磁界検出分解能** 0.1 mG は，FS の 40 000 分の 1（0.002 5%）であり，従来の高精度計測機器の精度を 2 桁ほど上回っている。また，線形特性はアモルファスワイヤに検出コイルを設置することで得られており，バイアス磁石を用いないため，外乱磁気ショック後の動作点への復帰が安定かつ容易である。

7.2.4 アモルファスワイヤのパルス通電磁気インピーダンス効果 MI センサ回路

図 7.6 は，7.2.1 項のアモルファスワイヤの磁区構造解明と反磁界および磁気ノイズ発生源の特定，その反磁界と磁気ノイズを発生させない磁化方法としての高周波通電による表皮効果の利用と磁気インピーダンス効果，7.2.2 項の実用的磁気センサの構成のためのパルス通電磁気インピーダンス効果とアモルファスワイヤの磁化回転動作での磁気ノイズスペクトル密度の理論式，7.2.3 項の磁界検出特性の高い線形性と磁気外乱ショック後の安定な動作点復帰性を実現するための，アモルファスワイヤへの検出コイル設置と，線形性の理論解

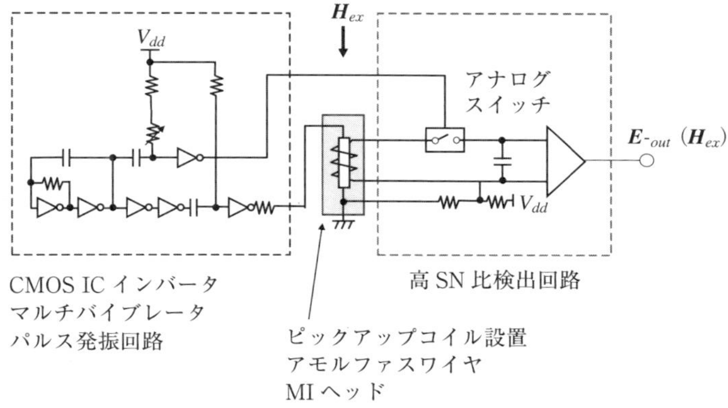

図 7.6 電子コンパス用集積回路形 MI センサ回路（愛知製鋼（株）提供）

析，を集大成し，さらに，電子回路ノイズの低減のための**アナログスイッチ**を追加した電子コンパス用**集積回路形 MI センサ回路**[33]である。

左端の 2 個の CMOS インバータマルチバイブレータで方形波電圧を発生し，3 個の CMOS インバータ遅延素子と微分回路を通して**遅延パルス**電圧に変換して，アモルファスワイヤに印加，表皮効果を生じる**パルス通電**を行う。そのパルス通電でアモルファスワイヤ表層部回転磁化による誘起電圧が検出コイルに誘導されるが，コイルの浮遊容量による**リンギング雑音**電圧も発生するので，マルチバイブレータ出力電圧を 1 個の CMOS 遅延素子を通してアナログスイッチを駆動し，検出コイルの信号パルス電圧のみをピックアップして，後続のリンギング雑音電圧を遮断する。このアナログスイッチの出力電圧を低域フィルタ回路で磁界検出信号電圧とし，センサ出力電圧 $\boldsymbol{E}_{out}$ とする。

図 7.7 は，愛知製鋼（株）で量産されているスマートフォン用の電子コンパスチップ（a）およびそのチップに 3 軸として封入されているアモルファスワイヤ MI 素子の 1 個（b）のそれぞれの写真である。アモルファスワイヤは，11.5 μm 径，0.52 mm 長であり，15 ターンの検出コイルが設置されている。

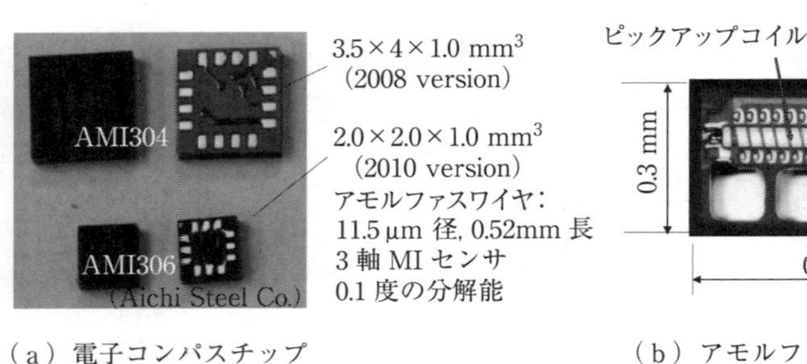

（a）電子コンパスチップ　　（b）アモルファスワイヤ MI 素子

図 7.7　スマートフォン用アモルファスワイヤ MI センサの写真
（写真は愛知製鋼（株）提供）

図 7.8 は，図 7.7 の電子コンパスに使用されている，アモルファスワイヤ MI センサの**指向性**を測定した結果である。MI センサは，ナノテスラ分解能 MI センサで検出される地磁気などの外乱磁界を反磁界発生用の大型 3 軸ヘルムホルツコイルの反磁界で高精度に相殺される**アクティブ磁気シールド**空間内

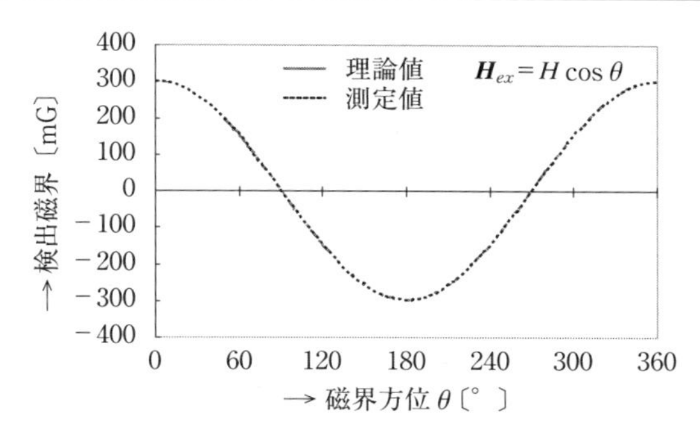

図 7.8 電子コンパス用アモルファスワイヤ MI センサの指向性（アモルファスワイヤ：11.5 μm 径，0.52 mm 長，愛知製鋼（株）提供）

に設置され，検出直流磁界は，1軸2重ヘルムホルツコイルで水平方向に，地磁気の水平成分に近い 300 mG の**一様磁界**を発生している。アモルファスワイヤは，11.5 μm 径，0.52 mm 長の**サブミリ長ヘッド**であり，方位検出に関して理論値と測定値の差が検出されない高精度の指向性を示す。この高い指向性は，電子コンパスの方位検出精度を保証するとともに，生体磁気検出の場合には，体内の磁界発生源を特定する場合にも有用である。

生体磁気センシング

生体情報センシングは，1903年のアイントホーヘン（(独) W. Eindhoven，1927年ノーベル生理学・医学賞）の**心電図**（electro-cardiogram; ECG），1929年のハンス・ベルガー（(英) H. Berger）の**脳電図**（electro-encephalogram; EEG，**脳波**）の測定から急速に研究が盛んになり，病院での診断装置として広く普及している。特に，**ホルター心電計**は，半導体集積回路技術の発展により，心疾患患者の24時間以上の日常生活行動中にも心電図波形を記録し，不整脈等の心疾患のモニタリングも容易にできるように普及している。

生体は，細胞および細胞外液から構成されており，**神経細胞**や**筋肉細胞**の活動では，Na^{+}，Ca^{2+}，K^{+}，Mg^{+}，Cl^{-} などの**電解質イオン**類が**細胞膜チャンネル**を介して細胞を出入りしているので，生体全体のあらゆる箇所で電磁気信号が出現している。そこで，高感度のセンサや検出器があれば，生体の体調を反映する種々の**生体電磁気信号**を体表の至るところで得ることができる。しかし，生体情報は，検出箇所依存性が高いため，医療・医学・生理学関係者が生体情報を共有するためには，測定方法と測定箇所の国際的基準を決めておく必要がある。心電図の**12誘導法**や脳電図（脳波）の**国際10－20電極法**などがそれである。

生体は電磁気信号の発信体であり，心電図，脳電図（脳波）でまず電気信号（**活動電位**）の検出が先行し，心電計を中心に医療診断装置として広く普及した。ついで，電磁気のうちの磁気信号の検出実験が1960年以降に起きている。心電図に対応する**心磁図**検出は，G.M. Baule ら[34]（1963年），D. Cohen ら[35]（1970年）などから始まっており，心電図の出現から60年後である。D.

Cohen らは，**超伝導量子干渉デバイス**（SQUID）を使用している。

また，脳電図（脳波）に対応する**脳磁図**測定は，D. Cohen ら[36]（1968 年），J.E. Zimmerman ら[37]（1970 年）など，脳電図から約 30 年後に始まっている。しかし，心磁図，脳磁図とも検出報告後 40 年以上経過した 2015 年現在でも，医療現場での実用の可能性が低い。これは，液体ヘリウムで冷却する SQUID システムの装置や，磁気シールドルームの必要性など，大掛かりで高価であることもあるが，心磁気や脳磁気の生体信号の起源が不明であるため，その診断への情報価値が不明であることが大きな理由である。

生体磁気情報の画期的な応用は **MRI**（nuclear magnetic resonance imaging；**核磁気共鳴画像法**，2003 年にポール・ラウタバーとピーター・マンスフィールドがノーベル生理学・医学賞）といえよう。生体の約 60％を占める水はすべての細胞に存在し，その細胞水中の**プロトン**（**水素原子核** H^+）の磁気モーメント（$1.410\,6\times10^{-26}$ J/T）が背景の直流磁界 H_0 の中で H_0 に正比例する磁気モーメント歳差運動の共鳴周波数（**ラーモア周波数** $\nu=\gamma H_0/2\pi$；γ：**核の磁気回転比**）をもつ。H^+ を $H_0=2.35$ T の直流磁界中に置くと，$\nu=100$ MHz である。そこで，H_0 と直交方向から磁界パルスを印加すると，**プロトン磁気モーメント**は H_0 の方向を向きつつ共鳴歳差運動を励起したあと，パルス磁界の消滅後，生体組織に依存した**緩和周波数**の特定減衰時間の磁気信号を出す。この信号を処理して生体組織の画像化を行う。組織の深さ面ごとに H_0 を変化させておくと，磁気共鳴周波数が異なるので，生体の 3 次元（輪切り）画像が得られる。この生体組織の精密画像による可視化は，医療診断情報技術を飛躍的に発展させており，このため，MRI 装置は病院で広く普及し，さらに 2000 年頃からは，背景直流磁界を 3T 以上の強磁界として画像精細度を向上させた**機能性 MRI**（functional MRI；fMRI）が普及し始めている。この fMRI では，脳内の血流分布が可視化され，脳内の活性部位の特定ができる。

この MRI は，磁気技術の面では従来の磁気センサ（デバイス）の範疇を超えているが，生体磁気の根本が，種々の電解質イオンを超えて，細胞水中のプロトンの磁気モーメントの共鳴挙動にある，という斬新な視点と生体組織の画像化という信号処理技術の面で，生体磁気研究に大きなインパクトを与えている（水中のプロトン磁気共鳴の利用技術自体は，**プロトンマグネトメータ**で現れてはいる）。生体の中では，固体物理のように電子磁気モーメントではなく，細胞水中のプロトン磁気モーメントが現れる，という視点が重要である。この点と，生体細胞ミトコンドリア内膜での生体エネルギー**アデノシン3リン酸 ATP** が，プロトン流で駆動された分子モータの回転で生産される（J. Walker ら，1998 年にノーベル生理学・医学賞）ことを関連付けると，生体磁気研究の新たな方向のヒントが得られると思われる。

一方，携帯電話・スマートフォンなどの情報端末の普及とともに，医療診断情報機器や健康診断情報機器の情報端末化（いわゆるパーソナル化）が進んでおり，MRI 装置とは異なる高感度マイクロ磁気センサの開発が盛んである。この場合，磁気センサの性能面では，多くの磁気計測の経験から生体磁気を検出する場合，ピコテスラ（pT ；10^{-8} G）の磁界検出分解能が必要である。ここでは，アモルファスワイヤ MI センサが先導しており，（1）モルモット胃腸平滑筋組織生片の生理的食塩水中（*in vitro*）での，自律周期振動磁気信号の検出，（2）ヒト胸部での心電図，心磁図の同時検出，（3）ヒト背部での心電図，心拍磁気の同時検出，などが報告されている。

8.1　ピコテスラ分解能アモルファスワイヤMIセンサ

図 8.1 は，**ピコテスラ分解能**アモルファスワイヤ MI センサの基本構成図である[38]。30 μm 径，15 mm 長の零磁歪アモルファスワイヤの両端部各 4 mm 長部に，それぞれコイル（200 回巻）を設置して逆直列接続し，差動形の磁気インピーダンスセンサヘッドとする。この差動形ヘッドにより，地磁気などの一様な外乱磁界は相殺されて検出されない。生体磁気は，局所的磁界であるため，空間的に強さの勾配があり，差動形ヘッドで相殺されない信号磁界分のみが検出される。

センサ電子回路ノイズ（電源系統のコモンモードノイズ，内部および外部か

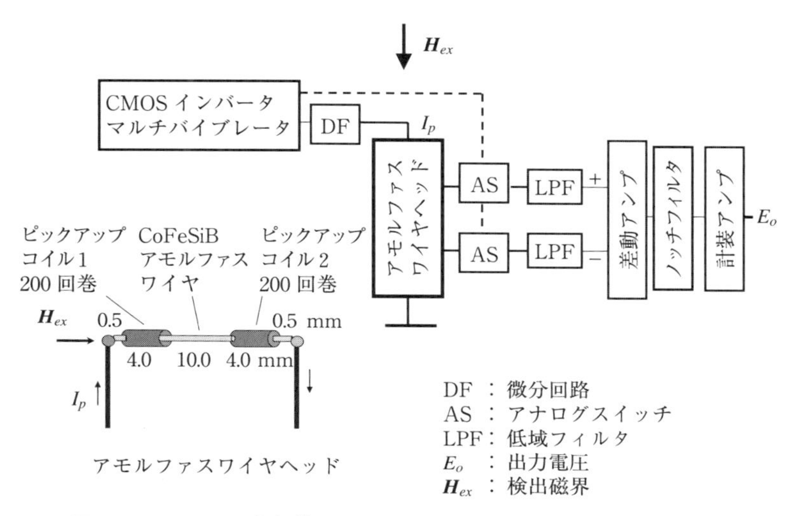

図 8.1 ピコテスラ分解能アモルファスワイヤ MI センサの基本構成図

らのノーマルモードノイズ）の軽減は，電源周波数ノイズを中心にノッチフィルタで除去している。さらに，センサの信号検出の周波数帯域を 0.5〜30 Hz に設定して，地磁気や磁石磁気などの外乱磁界の検出を抑制している。

このアモルファスワイヤ差動形ヘッド MI センサにより，磁気シールドなしで生体磁気の検出が可能になった。SQUID においても差動形超伝導コイル（グラジオコイル）を用いて一様な外乱磁界を相殺する方法がとられているが，量子磁束の検出を原理としているため，超伝導動作点の安定化のために磁気シールドが必要である。

8.2 アモルファスワイヤMIセンサによる生体磁気の検出

8.2.1 モルモット胃腸生片の *in vitro* 生体磁気検出

図 8.2 は，成体モルモットの胃腸から取り出した生片（幅約 4 mm，長さ約 8 mm，厚さ約 1 mm）を，浅プラスチック容器内の体温近くに加温した生理的食塩水（グルコース添加 Krebs 液）に沈めた状態で，厚さ 1 mm の容器の外底部に設置したアモルファスワイヤ MI センサで ***in vitro*** 検出した**生体磁気**

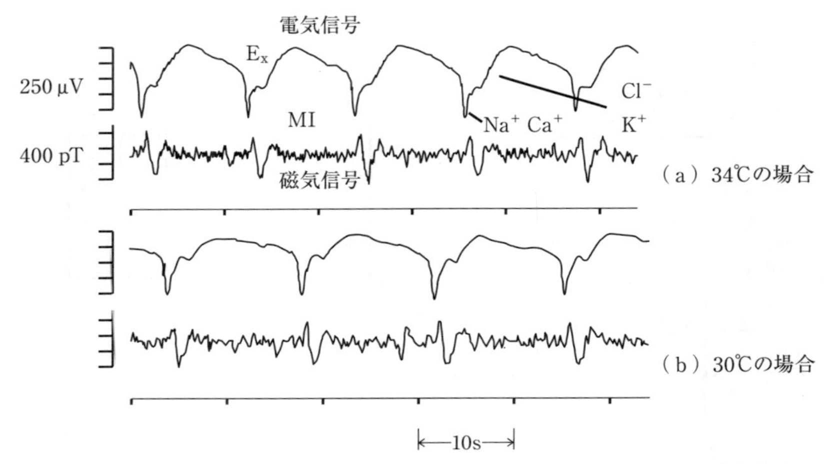

図 8.2　生理的食塩水内のモルモット胃腸生片の電気信号，磁気信号の同時計測

時系列である[39]。同試料生片には，細胞内毛細管微小電極を設置し，細胞膜電位（活動電位）の同時計測も実施した。

図(a)の測定曲線は，Krebs 液温が 34°C，図(b)は，30°C での電気信号および磁気信号の同時測定時系列である。この測定結果は，生体の体外に取り出された微小な組織生片が，自律的に周期的な電気信号および磁気信号を同時に発生していることを測定した初の結果である。ヒトを含む定体温動物の生理学では，筋肉細胞の活性（筋収縮）は，（1）ペースメーカ細胞からの神経パルス信号で誘起された活動電位パルスによって細胞膜のイオンチャンネルが「開」となり，（2）細胞外液中の Ca^{2+} イオンがパルス的に，イオンチャンネルを通って細胞内に移動し，（3）細胞内に流入した Ca^{2+} がトロポニン C 蛋白質と結合して細胞組織の収縮をパルス的に開始する，という 3 段階一連の過程を経ることがわかっている。そしてこの一連のパルス的活動が終了すると，細胞内の K^+ イオンが細胞外に緩やかに時間をかけて移動する。

この筋肉細胞の 3 段階一連の電気–磁気–力学活性動作に対応して，図の時系列においては，電気信号のパルスの発生時刻と磁気信号のパルスの発生時刻のずれ（phase lag）が現れている。

このことから，電気パルス信号は活動電位信号，磁気パルス信号はCa^{2+}の細胞内流入による電流の磁界であると考えられる。この細胞内流入電流は，細胞どうしの協調活動により，細胞の協調集団（組織）内で合流して方向性電流を形成することが，MI センサの指向性から推定される。モルモット胃腸生片の場合，パルス電流はモルモットの口の方向である。

なお，電磁気信号の発生周波数は，液温 34°Cで約 0.09 Hz，30°Cで約 0.07 Hz である。これより，生片の温度低下（体温低下）により，筋肉細胞の収縮の頻度が減少して，筋肉活動が低下することが推定される。

8.2.2　ヒト胸部の心磁気検出

図 8.3 は，健常被験者（51 歳男性）の静座状態における胸部の心電図（ECG）とアモルファスワイヤ MI センサによる心磁図（MCG）の同時測定例を示す[28]。測定は，大学の電気工学研究室で行い，電力装置から離れた場所の選定などの注意を払ったが，磁気シールドは使用せず，また，平均化などの信号処理も不要で，安定な検出が行われた。ECG は，四肢誘導法による電位測定であり，胸部表面の特定位置に対応するものではない。MCG は，アモルファスワイヤ差動ヘッドを心電図測定 12 誘導法の V4 位置で胸壁に垂直，先端を胸壁から約 2 mm の位置に設定して測定した。

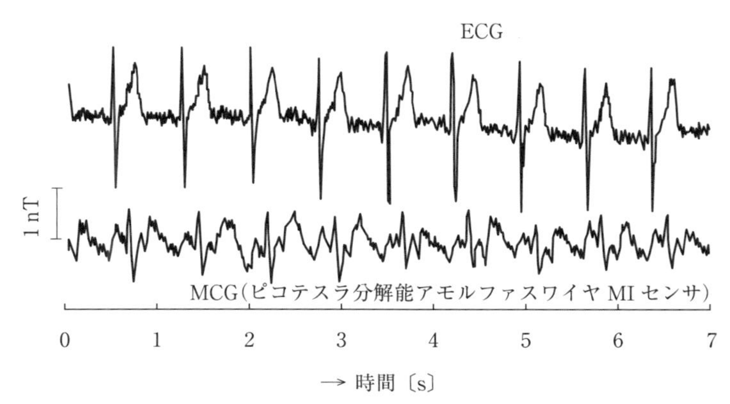

図 8.3　ヒトの胸部の生体拍動信号（ECG：心電図，MCG：心磁図）

ヒトECG，MCGの同時測定結果においても，パルス波形のピーク時刻間のずれ（磁気パルス信号の遅れ）が観測される。この磁気パルス信号の位相遅れ（phase lag）は，図8.2，図8.3のいずれの場合も，時間比にして拍動周期の約10%である。ヒトの心筋（平滑筋）の拍動においても，ECGは活動電位の時系列であり，MCGは活動電位でトリガされたCa^{2+}移動電流の磁界が起源と考えられる。

8.2.3　ヒト背部の拍動磁気検出

心電図は，大病院での心疾患スクリーニングに広く普及している12誘導法や，24時間心拍モニタリング用のホルター心電図など，電極は一般的に胸部皮膚面に設置される。これは，電気信号が比較的高く発生する場所を選定しているためである。背部で検出される電気信号の大きさは，胸部の電気信号の10分の1程度である。これは，解剖学的に心臓が胸部側に偏在しており，心筋活動の活動電位が胸部で検出されやすいためと思われる。

これに対して，心拍に関する磁気信号は，胸部信号より背部信号のほうが大きい。これは，アモルファスワイヤMIセンサによる測定で初めてわかったことである。

図8.4は，6名の静座安静被験者の背部（左肩甲骨下）での非接触検出拍動磁気信号（(a)51歳健常男性，(b)28歳健常男性，(c)46歳健常男性，(d)73歳健常女性，(e)71歳狭心症男性患者，(f)73歳狭心症男性患者）である[40]。図(a)は，四肢誘導の心電図と同時測定であるが，図8.2，図8.3と同様に，磁気拍動パルス信号は，電気拍動パルス信号より位相遅れの波形となっている。図8.4では，図8.3と比較して，以下の特徴が指摘される。

(1)　**背部拍動磁気波形**は，胸部拍動磁気波形と異なる。

(2)　背部拍動磁気波形には，胸部拍動磁気波形にない双峰パルス波形(DP)が検出される。

(3)　この双峰パルス磁気波形は，図（a）～(d）の健常者の場合に現れ，図(e)，(f）の狭心症患者では現れない。

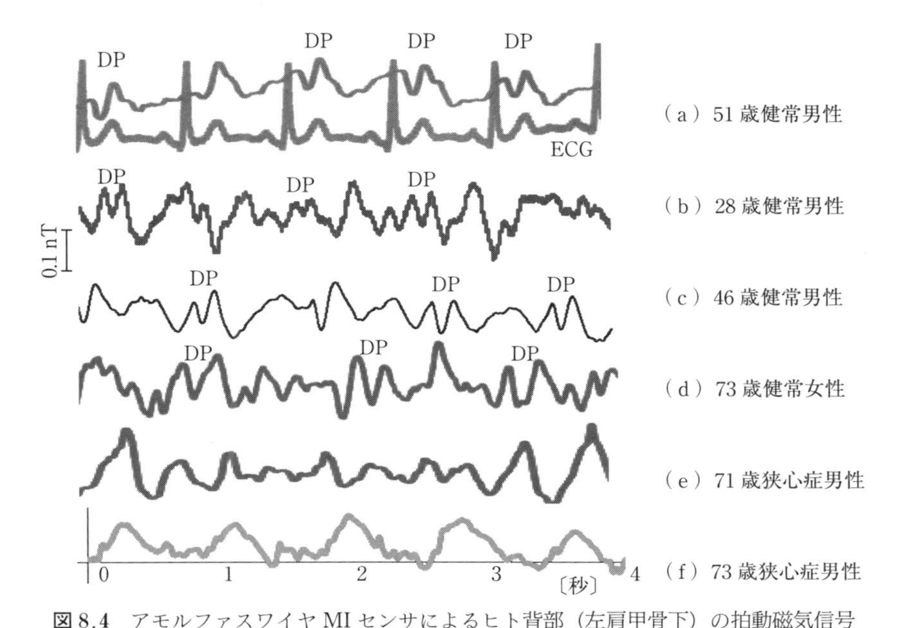

図 8.4　アモルファスワイヤ MI センサによるヒト背部（左肩甲骨下）の拍動磁気信号

このDPの起源は，心筋より背部に位置する大動脈筋の拍動の可能性がある。これは，DPの第1のピーク，第2のピークの位相が，それぞれ大動脈弁の「開」と「閉」の位相に一致することによる。

図 8.5 は，静座安静時の28歳健常男性の背部磁気信号時系列（Back MCG）検出結果である[28)]。図(a)は，外部から刺激を与えない状態，図(b)は，背部磁気測定後，静座安静状態で磁化かんらん岩焼結球（9 mm 径）3列ベルト（幅 3 cm，50 cm 長）を脊柱に沿って30分間当てた微小磁界（焼結球表面磁界約±300 mG）磁気刺激後，20分後に静座安静状態で測定した背部磁気信号時系列である。

微小磁界磁気刺激の前と後それぞれに，**四肢誘導心電図**を同時に測定しているが，心電図の波形やパルス頻度（周期）の規則性などの変化は見られない。一方，背部磁気時系列は，磁気刺激の前と後では，大きく変化している。

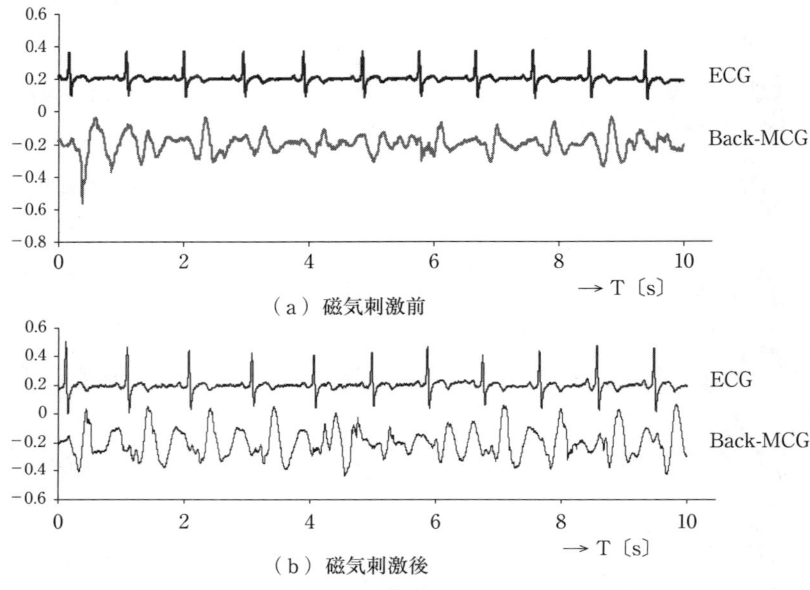

（a）磁気刺激前

（b）磁気刺激後

図 8.5　微小磁界磁気刺激前後の背部磁気信号時系列

磁気刺激前では，図(a)のように，磁気信号時系列では心電図の周期性に対応した周期性は認められるが，波形の規則性は低い。これに対して，磁気刺激の後では，図(b)のように，磁気信号の波形の規則性，パルスの高さともに増加している。

このような拍動磁気信号の変化は，胸部での磁気信号時系列では現れないので，背部側に偏在する臓器や筋肉組織器官の活動に起因する磁気信号が検出されていると思われる。その中では，心臓の心拍動と同様の振る舞いをする器官は，心臓の左心室に連結している大動脈器官であると考えられる。そこで，図 8.5 の背部拍動磁気信号は，図 8.4 の背部拍動磁気信号と同じく，心筋活動のイオン電流磁界信号に大動脈筋のイオン電流磁界信号が重畳した信号を検出していると考えるとわかりやすい。

以上のように，ピコテスラ分解能のアモルファスワイヤ MI センサによって，簡便にかつ安定に生体磁気信号が検出されるようになり，生体への磁気刺激の効果の判定も可能になってきた。

アモルファスワイヤ MI センサによる生体磁気計測に関して，現段階の特徴を総括すると，以下のようになる。

（1）　モルモット胃腸生片の *in vitro* 計測による周期的磁気信号，ヒトの胸部および背部の拍動磁気信号のパルス信号は，いずれも同時測定の電気信号に対して位相遅れとなる。このことから，生体電気信号は，生体組織の活動電位，生体磁気信号は，引き続いて生じる Ca^{2+} など生体細胞外液電解質イオンの細胞内移動電流の磁界と考えられる。

（2）　ヒト背部磁気信号は，背部側に偏在する器官である大動脈筋細胞組織のイオン電流磁界信号が，心筋イオン電流磁界信号に重畳して検出されると考えられる。

（3）　大動脈活動磁気信号が血液循環系の活動を反映しているのであれば，背部拍動磁気信号の検出によって，血液循環系の動態（活性状態）のモニタリングが可能である。血液循環は，自律多重共振系である生体の恒常性（**ホメオスタシス**；代謝，免疫）の基盤であり，その順調性を簡便に計測できることは，健康に関する科学技術の振興にとって重要である。

（4）　生体活性化の可能性がある交番分布微小磁界の生体刺激によって，背部磁気信号の時系列が顕著に変化することが検出された。このような変化は，心電図では検出されないので，生体背部拍動磁気信号の情報は注目される。

付　　　　録

1. 元素の周期表（1987年）

1 H 1.00794* 水素								
1 A	2 A							
3 Li 6.941* リチウム	4 Be 9.012182* ベリリウム							
11 Na 22.989768* ナトリウム	12 Mg 24.3050* マグネシウム	3 A	4 A	5 A	6 A	7 A	8	
19 K 39.0983 カリウム	20 Ca 40.078* カルシウム	21 Sc 44.955910* スカンジウム	22 Ti 47.88* チタン	23 V 50.9415 バナジウム	24 Cr 51.9961* クロム	25 Mn 54.93805 マンガン	26 Fe 55.847* 鉄	27 Co 58.93320 コバルト
37 Rb 85.4678* ルビジウム	38 Sr 87.62 ストロンチウム	39 Y 88.90585 イットリウム	40 Zr 91.224* ジルコニウム	41 Nb 92.90638* ニオブ	42 Mo 95.94 モリブデン	43 Tc (99) テクネチウム	44 Ru 101.07* ルテニウム	45 Rh 102.90550* ロジウム
55 Cs 132.90543* セシウム	56 Ba 137.327* バリウム	57～71 ―― ランタノイド元素	72 Hf 178.49* ハフニウム	73 Ta 180.9479 タンタル	74 W 183.85* タングステン	75 Re 186.207 レニウム	76 Os 190.2 オスミウム	77 Ir 192.22* イリジウム
87 Fr (223) フランシウム	88 Ra (226) ラジウム	89～103 ―― アクチノイド元素	104 Unq ―― ウンニルクアジウム	105 Unp ―― ウンニルペンチウム	106 Unh ―― ウンニルヘキシウム	107 Uns ―― ウンニルセプチウム		

ランタノイド元素	57 La 138.9055* ランタン	58 Ce 140.115* セリウム	59 Pr 140.90765* プラセオジム	60 Nd 144.24* ネオジム	61 Pm (145) プロメチウム	62 Sm 150.36* サマリウム	63 Eu 151.965* ユウロピウム
アクチノイド元素	89 Ac (227) アクチニウム	90 Th 232.0381 トリウム	91 Pa 231.03588* プロトアクチニウム	92 U 238.0298 ウラン	93 Np (237) ネプツニウム	94 Pu (239) プルトニウム	95 Am (243) アメリシウム

備考：アミ部分は遷移金属元素，太い実線内は磁性遷移金属，点線内は半金属，元素記号の上の数字は原子番号，下の数字は原子量（1987年）をそれぞれ示す。なおランタノイド元素は希金属である。本表の原子量は，地球起源の試料中の元素ならびに若干の人工元素に適用される。値の信頼度は，最後のけたで±1，＊印を付けたものは±2～±7である。

	1 B	2 B	3 B	4 B	5 B	6 B	7 B	0
								2 He 4.002602* ヘリウム
			5 B 10.811* ホウ素	6 C 12.011 炭素	7 N 14.00674* 窒素	8 O 15.9994* 酸素	9 F 18.9984032* フッ素	10 Ne 20.1797* ネオン
			13 Al 26.981539 アルミニウム	14 Si 28.0855* ケイ素	15 P 30.973762* リン	16 S 32.066* 硫黄	17 Cl 35.4527* 塩素	18 Ar 39.948 アルゴン
28 Ni 58.69 ニッケル	29 Cu 63.546* 銅	30 Zn 65.39* 亜鉛	31 Ga 69.723* ガリウム	32 Ge 72.61* ゲルマニウム	33 As 74.92159* ヒ素	34 Se 78.96* セレン	35 Br 79.904 臭素	36 Kr 83.80 クリプトン
46 Pd 106.42 パラジウム	47 Ag 107.8682* 銀	48 Cd 112.411* カドミウム	49 In 114.82 インジウム	50 Sn 118.710* スズ	51 Sb 121.75* アンチモン	52 Te 127.60* テルル	53 I 126.90447* ヨウ素	54 Xe 131.29* キセノン
78 Pt 195.08* 白金	79 Au 196.96654 金	80 Hg 200.59* 水銀	81 Tl 204.3833* タリウム	82 Pb 207.2 鉛	83 Bi 208.98037* ビスマス	84 Po (210) ポロニウム	85 At (210) アスタチン	86 Ru (222) ラドン

64 Gd 157.25* カドリニウム	65 Tb 158.92534* テルビウム	66 Dy 162.50* ジスプロシウム	67 Ho 164.93032* ホルミウム	68 Er 167.26* エルビウム	69 Tm 168.93421* ツリウム	70 Yb 173.04* イッテルビウム	71 Lu 174.967 ルテチウム
96 Cm (247) キュリウム	97 Bk (247) バークリウム	98 Cf (252) カリホルニウム	99 Es (252) アインスタイニウム	100 Fm (257) フェルミウム	101 Md (256) メンデレビウム	102 No (259) ノーベリウム	103 Lr (260) ローレンシウム

(　) 内の数字は，その元素の既知の最長半減期をもつ同位体の質量数である。

周期表の族番号は，国際純正および応用化学連合無機化学命名法委員会命名規則 1970 年版による。

2. 物理定数

光の速度（真空中）	$c=2.997\,9\times10^{8}$ m/s
真空の透磁率	$\mu_0=4\pi\times10^{-7}$ H/m
	$=1.256\,6\times10^{-6}$ H/m
真空の誘電率	$\varepsilon_0=8.854\,2\times10^{-12}$ F/m
電子の電荷	$e=1.602\,10\times10^{-19}$ C
電子の質量	$m_e=9.109\,4\times10^{-31}$ kg
プランク定数	$h=6.626\,1\times10^{-34}$ J·s
ボルツマン定数	$k=1.380\,66\times10^{-23}$ J/K
ボーア磁子	$\mu_B=9.274\times10^{-24}$ J/T
磁束量子	$h/2e=2.067\,8\times10^{-15}$ Wb
電子の質量	$m_e=9.109\times10^{-31}$ kg
電子の磁気モーメント	$\mu_e=-9.284\,76\times10^{-24}$ J/T
陽子の質量	$m_p=1.672\,6\times10^{-27}$ kg
陽子の磁気モーメント	$\mu_p=1.410\,6\times10^{-26}$ J/T

3. 電磁気量の単位間の変換

N＝kg·m/s	1 Oe＝79.58A/m
J＝N·m	1 A/m＝0.012 57 Oe
W＝J/s	1 T＝1 Wb/m²
Wb＝V·s	＝10^4 G
C＝A·s	1 $\gamma=10^{-5}$ G
V＝J/C	＝1 nT
Ω＝V/A	1 mG＝100 nT
F＝C/V	1 μG＝0.1 nT
H＝Wb/A	1 kg/mm²＝9.8 MPa
T＝Wb/m²	

参　考　文　献

1) 内山　晋編著：アドバンスト・マグネティクス，pp.218～253（1994），培風館
2) 毛利佳年雄：マイクロ磁気センサ，電学論，**116-E**，1，pp.7～10（1996）
3) 毛利佳年雄：マイクロ磁気センサ，精密工学会誌，**62**，3，pp.341～344（1996）
4) K. Mohri：Sensors, Current Topics in Amorphous Materials；Physics & Technology, ed. Y. Sakurai et al., Elsevier Sci. Pub., pp.284～293（1993）
5) 近角聡信：強磁性体の物理（上）：p.13（1978），裳華房
6) L.V. Panina, K. Bushida and K. Mohri：Sensing Characteristics of Surface Flux Distribution of Multi-Pole Ring Magnet Using Finite-Size Magnetic Head，電気関係学会東海支部連合大会講演論文集，336（1995）
7) L.V. Panina and K. Mohri：Magneto-Impedance Effect in Amorphous Wires. Appl. Phys. Lett., **65**, pp.1189～1191（1994）
8) 茅　誠司：強磁性，pp.192～194（1996），岩波書店
9) M.N. Baibich, J.M. Brott, A.Fert, F.Nguyen, van Dau, F. Petroff, P. Etience, G. Cruzet, A. Friederich and J. Chazelas：Phys. Rev. Lett., **61**, 2472（1988）
10) 毛利佳年雄：磁気-インピーダンス（MI）効果マイクロ磁気センサ，日本応用磁気学会誌，**19**，5，pp.847～856（1995）
11) F.B. Humphrey, K. Mohri, J. Yamasaki, H. Kawamura, R. Malmhäll and I. Ogasawara：Re-entrant Magnetic Flux Reversal in Amorphous Wires. Proc. Symp. on Magnetic Properties of Amorphous Metals, ed. A. Hernando et. al., pp.110～116（1987），Elsevier. Sci. Pub.
12) D.I. Gordon and R.E. Brown：Recent Advances in Fluxgate Magnetometry, IEEE Trans. Magn., **MAG-8**, 1, pp.76～82（1972）
13) G.H. Royer：A Switching Transistor DC to AC Converter Having an Output proportional to the DC Input Voltage, AIEE Trans., 74, pp.322～326（1955）
14) 毛利佳年雄，笠井克幸，松本光二郎，近藤敏則，藤原広澄：非晶質二磁心マルチバイブレータブリッジによるマグネトメータ，日本応用磁気学会誌，**7**，2，

pp.143～146（1983）

15) D.A. Thompson, L.T. Romankiw and A.F. Mayadas：IEEE Trans. Magn., **11**, 1039（1975）

16) 菅野崇樹，毛利佳年雄：C-MOS マルチバイブレータ発振形アモルファス MI マイクロ磁界センサ，日本応用磁気学会誌，**21**，5，pp.645～648（1997）

17) 内山　剛，毛利佳年雄，新海政重，大島　晶，本多裕之，小林　猛，若林俊彦，吉田　純：アモルファスワイヤ MI センサによる脳腫瘍位置磁気センシング，電気関係学会東海支部連合大会，672（1996）

18) Y. Kashiwagi, T. Kondo, K. Mitsui and K. Mohri：300 A Current Sensor Using Amorphous Wire Core, IEEE Trans, Magn., **26**, 5, pp.1566～1568（1990）

19) K. Inada, K. Mohri and K. Inuzuka：Quick Response Large Current Sensor Using Amorphous MI Element Resonant Multivibrator, IEEE Trans, Magn., **30**, 6, pp.4623～4625（1994）

20) 犬塚勝美，松井　啓，毛利佳年雄：かご形誘導電動機の二次電流帰還型定常トルク制御系，電学論 D，**114-D**，12，pp.1220～1227（1994）

21) 瀧藤宏昭，野村壮志，毛利佳年雄，安藤慎吾，犬塚勝美，高田俊次，松野守保：かご形誘導モータの外部設置磁界センサによる 2 次電流信号の検出，電気関係学会東海支部連合大会，208（1996）

22) 同上：かご形誘導モータの 2 次電流信号帰還型定常トルク制御，電気関係学会東海支部連合大会，209（1996）

23) K. Mohri, K. Yoshino, H. Okuda and R. Malmhall：Highly Accurate Rotation Angle Sensors Using Amorphous Star-Shaped Cores, IEEE Transactions on Magnetics, **MAG-22**, 5, pp.409～411（1986）

24) O'Dahle：ASEA journal　33, p.23（1960）

25) 野々村裕，杉山　純，塚田厚志，竹内正治，五十嵐伊勢美：磁気ひずみ式トルクセンサ，電子情報通信学会研究会，**ED 87**，170（1988）

26) H. Hase and M. Wakamiya：Torque Sensor, Tech, Digest of 8 th Sensor Symposium, **II**, 7（1989）

27) I.J. Garshelis：A Torque Transducer Utilizing A Circularly Polarized Ring, IEEE Transactions on Magnetics, **28**, 5　pp.2202～2204（1992）

28) K. Mohri, T. Uchiyama, L.V. Panina, M. Yamamoto and K. Bushida：Review Article "Recent Advances of Amorphous Wire CMOS IC Magne-

to-Impedance Sensors: Innovative High-Performance Micromagnetic Sensor Chip", J. Sensors, **2015**, pp.1-8 (2015)

29) K. Mohri, F.B. Humphrey, L.V. Panina, Y. Honkura, J. Yamasaki and T. Uchiyama : Advances of Amorphous Wire Magnetics over 27 Years, **206**, 4, Physica Status Solidi A., pp.601-607 (2009)

30) T. Kanno, K. Mohri, T. Yagi, T. Uchiyama and L.P. Shen : Amorphous Wire MI Micro Sensor Using CMOS IC Multivibrator, IEEE Trans. Magn., **33**, 5, pp.3358-3360 (1997)

31) A. Zhukov, A. Talaat, M. Ipatov and V. Zhukova : High Frequency Giant Magneto-impedance Effect of Amorphous Microwires for Magnetic Sensor Applications, Proc. 8th Int. Conf. Sensor Tech., pp.624-629 (Sept. 2014)

32) L.G.C. Melo, D. Menard, A. Yelon, L. Ding, S. Saez and C. Dorabidjian : Optimization of Magnetic Noise and Sensitivity of Giant Magneto-impedance Sensors, J. Appl. Phys., **103**, pp.033903-1-033903-6 (2008)

33) N. Kawajiri, M. Nakabayashi, C.M. Cai, K. Mohri and T. Uchiyama : Highly Stable MI Micro Sensor Using CMOS IC Multivibrator with Synchronous Rectification, IEEE Trans. Magn., **35**, 5, pp.3667-3669 (1999)

34) G.M. Baule and R. McFee : Detection of the Magnetic Field of the Heart, American Heart Journal, **66**, pp.95-96 (1963)

35) D. Cohen et al. : Magneto-cardiogram, Appl. Phys. Lett., **16**, 7, pp.278-280 (1970)

36) D. Cohen : Magneto-encephalography : Evidence of Magnetic Field Produced by Alpha Rhythm Currents, Science, **161**, pp.784-786 (1968)

37) J.E. Zimmerman, D. Theine and J.T. Harding : Design and Operation of Stable Rf-band Superconducting Point-contact Quantum Device etc., J. Appl. Phys., **41**, pp,1572-1580 (1970)

38) T. Uchiyama, K. Mohri, Y. Honkura and L.V. Panina : Recent Advances of Pico-Tesla Resolution Magneto-impedance Sensor Based on Amorphous Wire and CMOS IC MI Sensor, IEEE Trans. Magn., **48**, 11, pp.3833-3839 (2012)

39) T. Uchiyama, K. Mohri and S. Nakayama : Measurements of Spontaneous Oscillatory Magnetic Field of Guinea-pig Smooth Muscle Preparation

Using Pico-Tesla Resolution Amorphous Wire Magneto-impedance Sensor, IEEE Trans. Magn., **47**, 10, pp.3070-3073 (2011)

40) 毛利佳之，山田宗男，内山剛，毛利佳年雄：周期的交番分布静磁気による脊柱部刺激の居眠り運転防止覚醒効果の脳波解析と背面心拍磁気計測，電学論C, **135**, 1, pp.52-57 (2015)

索　　　　引

ひ

ふ

へ

ほ

ま

み

も

や

ゆ

ら

り

れ

ろ

英文

—— 著 者 略 歴 ——

1963 年　九州大学工学部電子工学科卒業
1968 年　九州大学大学院工学研究科博士課程（電子工学専攻）単位取得退学
1968 年　九州大学助手
1973 年　九州工業大学講師
1974 年　工学博士（九州大学）
1974 年　九州工業大学助教授
1977 ～　文部省長期海外研究員（英国カーディフ大学磁気工学研究所客員研究員）
1978 年
1982 年　九州工業大学教授
1987 年　名古屋大学教授
1995 年　IEEE Fellow
2004 年　名古屋大学名誉教授
2004 年　独立行政法人科学技術振興機構プログラム主管
2006 年　公益財団法人名古屋産業科学研究所上席研究員
　　　　現在に至る

（受賞歴）
1981 年　科学技術振興財団　市村賞（研究貢献賞）
1989 年　日本応用磁気学会　論文賞
1993 年　永井科学技術財団　永井科学技術賞
1995 年　IEEE Fellow Award　(2010 年 Life Fellow)
1998 年　日本応用磁気学会　論文賞
2001 年　日本応用磁気学会　業績賞
2002 年　文部科学省　文部科学大臣賞・研究功績者表彰
2002 年　財団法人材料科学技術振興財団　山崎貞一賞
2008 年　日本応用磁気学会　出版賞（コロナ社「磁気センサ理工学」）
2012 年　内閣府　産学官連携功労者表彰・文部科学大臣賞
2015 年　日本磁気学会　学会賞

磁気センサ理工学（増補）
－センサの原理から電子コンパス応用まで－
Magnetic Sensors
— From Principles of Sensors to Applications of Electronic Compass —

1998 年 3 月 10 日　初版第 1 刷発行
2016 年 1 月 18 日　初版第 4 刷発行(増補)

検印省略

著　者　毛利（もうり）　佳年雄（かねお）
発 行 者　株式会社　コロナ社
　　　　　代 表 者　牛来真也
印 刷 所　新日本印刷株式会社

112-0011　東京都文京区千石 4-46-10
発行所　株式会社　**コ　ロ　ナ　社**
CORONA PUBLISHING CO., LTD.
Tokyo　Japan
振替 00140-8-14844・電話(03)3941-3131(代)
ホームページ　http://www.coronasha.co.jp

ISBN 978-4-339-00882-1　　(新井)　　(製本：愛千製本所)
Printed in Japan